三维空间设计基础

THREE-DIMENSIONAL DESIGN BASIS

主编　周文明

副主编　陆懿妮

编著　钟　剑　陈炎炎

北方联合出版传媒（集团）股份有限公司

辽宁美术出版社

图书在版编目（CIP）数据

三维空间设计基础/周文明主编.
—沈阳：北方联合出版传媒（集团）股份有限公司
辽宁美术出版社，2009.8
ISBN 978-7-5314-4370-4

Ⅰ．三… Ⅱ．周… Ⅲ．三维-空间-艺术-设计
Ⅳ．J06

中国版本图书馆CIP数据核字（2009）第157101号

出版发行
北方联合出版传媒（集团）股份有限公司
辽宁美术出版社

地址　沈阳市和平区民族北街29号　邮编：110001
邮箱　lnmscbs@163.com
网址　http://www.lnpgc.com.cn
电话　024-83833008

封面设计　洪小冬
版式设计　彭伟哲　薛冰焰　吴　烨　高　桐

经　　销
全国新华书店

印刷
沈阳市博益印刷有限公司

责任编辑　林　枫　肇　齐　罗　楠
技术编辑　徐　杰　霍　磊
责任校对　张亚迪
版次　2009年9月第1版　2011年2月第2次印刷
开本　889mm×1194mm　1/16
印张　5.5
字数　80千字
书号　ISBN 978-7-5314-4370-4
定价　45.00元

图书如有印装质量问题请与出版部联系调换
出版部电话　024-23835227

21世纪中国高职高专美术 · 艺术设计专业精品课程规划教材

序 >>

当我们把美术院校所进行的美术教育当做当代文化景观的一部分时，就不难发现，美术教育如果也能呈现或继续保持良性发展的话，则非要"约束"和"开放"并行不可。所谓约束，指的是从经典出发再造经典，而不是一味地兼收并蓄；开放，则意味着学习研究所必须具备的眼界和姿态。这看似矛盾的两面，其实一起推动着我们的美术教育向着良性和深入演化发展。这里，我们所说的美术教育其实有两个方面的含义：其一，技能的承袭和创造，这可以说是我国现有的教育体制和教学内容的主要部分；其二，则是建立在美学意义上对所谓艺术人生的把握和度量，在学习艺术的规律性技能的同时获得思维的解放，在思维解放的同时求得空前的创造力。由于众所周知的原因，我们的教育往往以前者为主，这并没有错，只是我们更需要做的一方面是将技能性课程进行系统化、当代化的转换；另一方面需要将艺术思维、设计理念等这些由"虚"而"实"体现艺术教育的精髓的东西，融入我们的日常教学和艺术体验之中。

在本套丛书实施以前，出于对美术教育和学生负责的考虑，我们做了一些调查，从中发现，那些内容简单、资料匮乏的图书与少量新颖但专业却难成系统的图书共同占据了学生的阅读视野。而且有意思的是，同一个教师在同一个专业所上的同一门课中，所选用的教材也是五花八门、良莠不齐，由于教师的教学意图难以通过书面教材得以彻底贯彻，因而直接影响到教学质量。

学生的审美和艺术观还没有成熟，再加上缺少统一的专业教材引导，上述情况就很难避免。正是在这个背景下，我们在坚持遵循中国传统基础教育与内涵和训练好扎实绘画（当然也包括设计摄影）基本功的同时，向国外先进国家学习借鉴科学的并且灵活的教学方法、教学理念以及对专业学科深入而精微的研究态度，辽宁美术出版社会同全国各院校组织专家学者和富有教学经验的精英教师联合编撰出版了《21世纪中国高职高专美术·艺术设计专业精品课程规划教材》。教材是无度当中的"度"，也是各位专家长年艺术实践和教学经验所凝聚而成的"闪光点"，从这个"点"出发，相信受益者可以到达他们想要抵达的地方。规范性、专业性、前瞻性的教材能起到指路的作用，能使使用者不浪费精力，直取所需要的艺术核心。从这个意义上说，这套教材在国内还是具有填补空白的意义。

21世纪中国高职高专美术·艺术设计专业精品课程规划教材系列丛书编委会

目录 contents

_ 第三章　实训项目二：3ds max
　　打造《汽车总动员》动画场景　**049**

第一章 三维空间

一 本章重点 》

本章节的教学重点是培养学生对三维空间
艺术的意识及概念，难点是解决学生对设
计步骤的实际动手能力。

一 学习目标 》

通过本次学习，使学生充分理解三维空间
艺术的概念及形式，明确学习三维空间艺
术设计的目的，能规划出作品设计步骤，
并绘制场景草图。

一 建议学时 》

28学时。

第一章 三维空间

第一节 ///// 课程定位与教学重点

一、课程定位

动画是一门涉及众多相关艺术学科的视听艺术，它以其独特的艺术形式感染着每一位观众。近年来随着电脑技术的发展，动画产业在我国不断壮大。而在各类动画当中，最有魅力并运用最广的当属三维动画。三维动画软件功能愈来愈强大，操作起来也是愈来愈容易，这使得三维有了更广泛的运用，毕竟我们的世界是立体的，只有三维才让我们感到更真实（图1-1）。

场景是环境，指展开动画剧情单元场次特点的空间环境，是全面总体空间环境重要的组成部分。是动画前期的一重要环节。

环境是空间，是剧本所涉及的时代、社会背景和自然环境。主要服务于角色表演的空间场所，是人物角色思想感情的陪衬，是烘托主题特色的环境。

三维空间艺术设计就是三维动画中根据剧本要求，设计符合历史时代、能够推动剧情发展、能够展示动画角色性格的三维场景设计。

二、三维空间艺术设计的重点

三维空间艺术设计是三维动画设计中的一个重要环节。在一部三维动画片中，角色需要有自己的活动

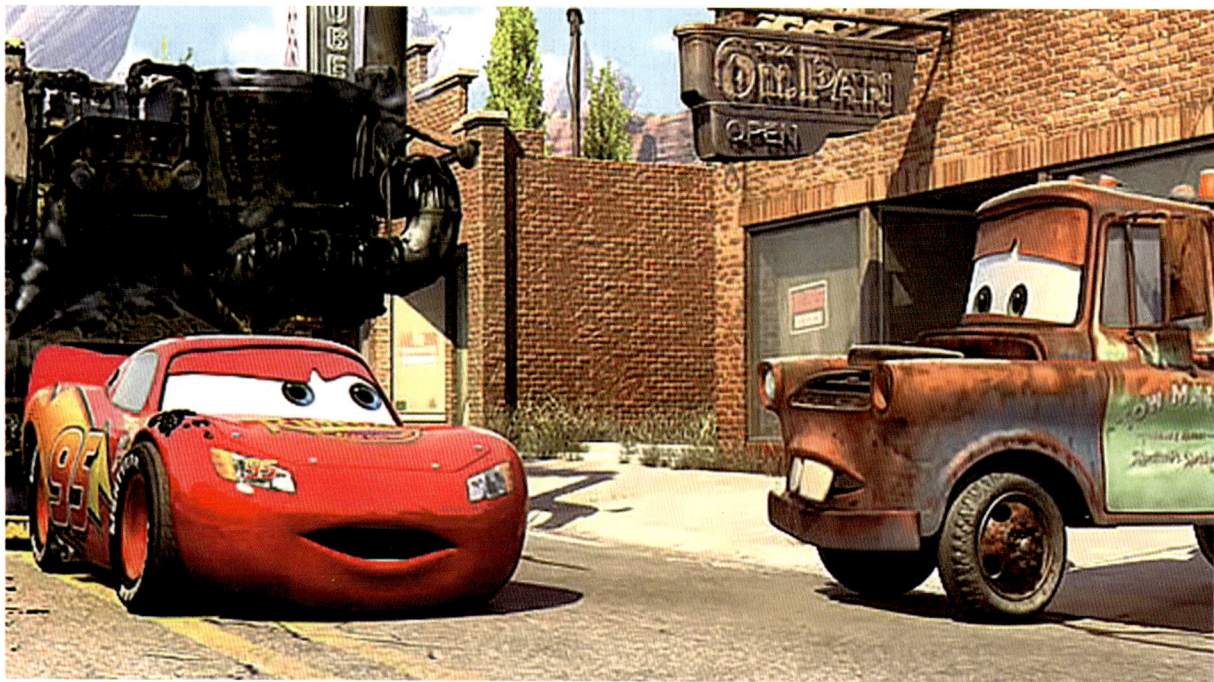

图1-1 选自《汽车总动员》 从模型的塑造、材质的选择、灯光的设计都应用了写实的手法，模拟出了自然状态下场景的特点，从而决定了整部影片写实的视觉风格，给人自然流畅的视觉感受。

空间，不论是全景式的镜头画面还是近景画面，甚至在特写镜头中，我们都能看到角色行走其间的场景。动画的场景可分为场景和背景两部分。所谓的场景是角色可以穿行其中的活动场面或自然景观，我们一般运用三维软件通过建立三维场景模型来完成；而背景则是起衬托角色作用和渲染气氛的角色背后的景色，就如舞台的布景，我们一般运用三维ＣＧ画面或照片来实现。一部动画片的每一帧画面不可能都有角色出现，但场景总是或主或次地占据着画面。

动画场景在动画片中有着举足轻重的作用，因为，作为动画片自然离不开故事的情节演绎、角色的矛盾冲突，而动画片的画面没有场景的烘托则很难表现故事发生的地点和角色表演的氛围。

设计场景，一要有丰富的生活积累和生活素材，二要有坚实的绘画基础和创作能力。这些修养直接影响到塑造影片的故事主题、构图、造型、风格、节奏等视觉效果，也是形成作品独特风格的必备条件。

因此三维空间艺术设计的重点在于：

1.交代时代背景

每个时代都有其独特的文化和装饰风格特点，如建筑特色、装饰纹样、材料工艺、使用工具等。只有抓住这些特点才能设计制作出符合剧本要求和时代要求的三维空间场景来（图1-2）。

2.表明地域特色

通过三维空间场景设计说明故事发生的地点。如欧洲或非洲、沙漠或海洋、森林或太空等，由于地域特色的不同，场景风格、场景布局、场景道具都有明显的区分。只有抓住各地域的特色才能设计出符合实际、耐人推敲的优秀三维空间艺术作品来（图1-3）。

3.体现时间范围

三维动画是具有时间延续性的视听艺术，时间的

图1-2　超越现实的建桥技术，高耸入云的柱形山峰，古老的象形文字，以及空中飞翔的翼龙，古老与超现实的结合，组成了幻想的未来世界。

图1-3　选自《功夫熊猫》　场景中的寿形纹，古老的斗拱、门钉和中国传统的香炉造型将故事的发生地限定在中国这片古老的土地。

图1-4　选自《玩具总动员》　偏冷的蓝色光线效果，很好地模拟了月光下的场景，清楚地告之观众故事发生在月光皎洁的晚上。

图1-5 低矮封闭的空间,灰绿的色调,几件道具随意地摆放,应用广角相机展示出一种变形的效果,加上昏暗的灯光,修长的投影,给人一种诡秘、扭曲的心理感受,正好符合角色的性格特点。

图1-6 这是一个游戏的场景,通过交通路线的设计推动情节的发展。围栏的入口、洞口等引导人们一步步向前走,推动了剧情的发展。

常以冷色调处理。通过对用光的处理,以及配合能表明时间的物体或道具,能很好地通过三维空间场景将一年四季和早、中、晚交代清楚(图1-4)。

4.衬托角色性格

一个好的三维空间场景能对角色的性格特点起到很大的衬托和诠释作用。角色性格的塑造需要很多方面的因素,如角色的造型、语言、动作、衣着、色彩以及场景等。场景设计主要通过场景主体物的构图、道具的选择、灯光的应用以及色彩的应用来衬托角色的性格。比如三角形构图、梯形构图通常用来表现一些正面人物;倒三角形、倒梯形表现一些反面人物。阴险狡诈的角色通常采用由下向上用光;正面角色通常采用正四分之三用光。顺光用来表现光明磊落;逆光用来表现神秘等(图1-5)。

5.推动剧情发展

场景角度的变化以及场景与场景之间的切换是剧情发展最具表现力的手段之一。三维空间场景的造型设计和道具设计经常为剧情的发展埋下伏笔(图1-6)。

表现是通过三维空间场景的光效来表现的。比如早晨的场景光线较暗,由于早晨的空气质量比较好,光线一般偏冷;中午是光照最强的时间段;傍晚的光线也较暗,但是偏暖色;晚上在人造灯光的环境以外,通

第二节 ///// 三维空间艺术设计任务

一、环境设计

根据历史年代、地域特色、剧情情境等设计三维动画的背景及场景。给剧情的发展和角色的活动提供一个接近现实、有史可依、有理可考、有文化内涵的特色舞台（图1-7）。

二、道具设计

主要是针对场景设计而言，设计出符合年代和地域特点的使用工具，或能够衬托场景气氛、推动剧情发展的器具、装饰等（图1-8）。

三、材质设计

材质设计是三维空间场景设计中艺术修养和技术含量最高的一个环节。材质的选择直接影响到观众对场景的感受和评价。不同的年代和不同的地域在建筑

图1-8　场景描写的是一个工地。为了突出工地的特点，在主场景中加入了警示柱、警示牌、安全护栏、碎石等道具，使场景显得很丰富，将工地上忙碌的感觉渲染得淋漓尽致。

图1-7　不算高的房子采用土坯砌成；上面盖着红色的瓦片；高大的木门，厚实的门闩；罗马柱支撑起拱形回廊；院落中小片的草地使画面看起来不那么空旷。从建筑风格可以看出场景描写的是中世纪西方一个比较偏僻的修道院。

图1-9　选自《秦时明月》　通过电脑技术应用凹凸贴图和3S贴图等方式，模拟出了溶洞中石钟乳特有的凹凸和晶莹剔透的特点。

和装饰上都有不同的体现，在材质的设计和选择上要有所区分。比如古代的建筑材质多以木材为主，当代的建筑多以水泥和轻钢为主，而虚拟未来的建筑材质多以金属为主。南方的建筑材质多以木材为主，北方的建筑材质多以砖、泥为主等。材质的种类很多，我们要认真分析材质给人的感受，有选择地应用材质。对于所选择的材质应用相关软件技术真实地表现出来（图1-9）。

材质设计的方法是首先根据时代和地域确定材质的种类，然后根据剧情和材质给人的感受进行合理搭配，最后应用相关软件将材质进行真实表现。

四、灯光设计

灯光设计是三维空间场景设计中很重要的一个环节，它直接关系到整个场景的色调定位。灯光设计既要尊重自然界光照的法则，又要进行必要的艺术加工。比如在自然状态下经常会出现光线照不到的死角，从而出现黑色。而在三维场景中要尽量避免出现

图1-10 此场景整体采用了暖黄色灯光，并应用了大量的补光，使场景显得格外温暖、闲适。衬托了角色无忧无虑的生活特点。

图1-11　选自《蜜蜂》　采用了正3/4给光方式，这是常用的一种正常给光方式。能很好地表现角色和场景的轮廓及层次。表现出了蜜蜂勤劳、快乐、阳光的性格特点。

黑色，通过补光使场景画面出现灯光韵律性的过渡。灯光的色彩是整个灯光设计的灵魂，灯光色彩对剧情的烘托和角色的性格渲染起着非常重要的作用。比如角色的性格非常阳光，通常采用白光或暖光；角色内心比较阴暗、性格阴晦时通常采用冷色光。灯光的设计也是体现剧情时间的主要手段。

灯光设计遵循从整体到局部的原则，即先进行全局照明的灯光设计确定画面的整体色调，然后进行局部的调整，如补光、点缀色光、层次光等（图1-10、图1-11）。

五、透视设定

透视设定在三维空间场景中比较容易，它主要是通过三维软件内部的摄像机调整来完成。一般摄像机光圈在28mm到35mm之间时，画面不会产生很大的变形，透视关系基本和我们人眼看到的透视一致，通常情况下我们采用35mm的光圈摄像机。根据注视角度我们可以调整摄像机的俯视或仰视效果。在一些特殊场合，比如表现一个宏大场面的全景，或表现一个狰狞的人物角色时，我们通常将摄像机的光圈设定到15mm到24mm之间，以达到广角变形的效果。

第三节 ///// 三维空间艺术设计步骤

一、剧本分析

1.剧本的类别

剧本是影片的大纲，一般分为文学剧本、文字剧本和文字分镜脚本。文学剧本是为了说明故事情节的文学作品，一般作为文字剧本的前提；文字剧本即是我们通常所说的剧本，它是按照电影的基本规律去写的，采用了镜头叙述的方式，包含了视觉和听觉的元素；文字分镜剧本是我们所说的脚本，它是在文字剧本的基础上对具体镜头的操作进行部署，是对一部电影从内容到制作的具体描述。

图1-12　场景中所涉及的自然属性的材料和质地都要遵循一定的自然法则，并符合人们的常规视觉感知。

2.剧本分析的要点

对剧本的分析理解可以使我们更有效地设计和制作场景，并对剧情的发展起到烘托和推动作用。

(1) 对剧情的理解

(2) 对影片的定位人群分析

(3) 对时间的分析

(4) 对地点的分析

(5) 对角色性格的分析

二、三维空间场景风格定位

1.场景风格类别

场景风格是整个动画产品的美学基调，根据场景的道具特点、制作手法可以将三维空间场景概括为以下三种风格。

(1) 写实风格

写实风格就是对客观现实的记录和再现，符合人们日常心理、生理习惯的相对的真实（图1-12、图1-13）。

写实风格场景的特点：

具有强烈的真实感和亲和力，符和大多数观众的欣赏趣味和习惯。

画面效果精细、丰富，具有质感，给人一种身临其境的感受。

符合常规大工业生产的需要，多个设计者可协作。

(2) 装饰风格

装饰风格就是将生活中物象的自然形体和复杂的颜色进行一定的概括、夸张和规则化，具有一定秩序感的形体（图1-14、图1-15）。

装饰风格的特点：

装饰效果更能突出主题和主角，吸引观众注意力。

一般内容单纯，主题简单。

比较适合儿童的欣赏习惯。

图1-13　一要符合科学和自然的光学规律，二要符合自然中物体被光照射后所产生的投影效果和投影角度。

图1-14　很好地对场景进行了色彩的归纳，形态的秩序化、删减、移位等变形。

图1-15　对场景中的装饰因素概括并强化。如变形、变位、变色等。

图1-16　应用了超乎常规的形态和色彩感受。

图1-17 造型上采用了打破常规的比例关系，应用了超乎常规的光影效果，使人产生超乎常规的心理震撼。

(3) 幻想风格

非现实的，超乎人们日常生活的常规视觉与想象的场景（图1-16、图1-17）。

幻想风格特点：

形式造型极其大胆、夸张，超乎常规想象。

色彩新奇、大胆，超出人们常规心理和欣赏习惯。

2.根据剧本分析进行场景风格合理定位

三、道具设计

图1-18 选自《海贼王》 主要的场景道具是海贼船，采用了中世纪木质战船的主要特点，应用了卡通化的装饰风格，骨头的交叉造型体现出些许的邪恶，将卡通化的海盗船描绘得淋漓尽致。

道具是组成三维空间场景的主要内容，对烘托剧情、表现地域和年代有着重要的作用。

三维空间艺术设计中所说的道具主要是指在特定的环境中，能够诠释环境特点、丰富环境背景、衬托角色性格的场景装饰物。比如在一所院落当中摆放小推车、锄头、箩筐等，就会将院落限定为农家小院；在院落中放置旗杆、长条石凳、乒乓球桌、单个篮球架等，就会将院落限定为一所乡村小学。

道具分为主要道具和次要道具。与角色关系密切的道具为主要道具，要进行细致的分析和设计；对场景起衬托和点缀作用的道具为次要道具，可以将其弱化处理（图1-18）。

四、草图表达

[实训练习]

◎ 重　　点：掌握草图表达的规范
◎ 技能要求：能够将设计方案展现在纸上，符合绘图规范，有利于团体协作完成项目
◎ 实训项目：将设计的道具、场景等绘制成草图

草图表达是将场景可视化的初步阶段。可以用简单的线条，大致地勾勒出在心中形成的场景。

1.构图的草图表达

构图是基本的美学体现。三维空间场景中的物体是以体块的形式出现的，各模型之间就存在了前后层次、高低对比的关系。因此，三维空间艺术的构图包括了模型的平面布局和高低对比的韵律体现，以适合场景巡游时各角度可视化的构图需要（图1-19）。

2.道具的草图表达

将心中设计的道具用线条的方式勾画出来，目的是突出道具的细节，便于三维模型的建立（图1-20）。

3.场景的草图表达

参照场景构图将主环境和道具结合起来，根据分镜头脚本所规定的镜头运用方式将完整的场景勾画出来（图1-21）。

图1-19　选自《魔比斯环》　场景中各种道具之间的高低对比曲线图，有利于把握场景的韵律。

图1-20 选自《魔比斯环》 简单道具的造型效果图及比例图。

图1-21 选自《魔比斯环》 在进行场景草图表现时要注意考虑到镜头的应用。

五、绘制色稿

　　将构思好的草稿进行上色，确定场景的主色调、光影、材质等。将设计的场景进行艺术加工处理，从整体上把握整个三维空间场景的氛围。为电脑辅助渲染气氛提供参考（图1-22）。

六、电脑辅助建立模型

　　电脑辅助建立模型是技术含量最高的环节之一，将设计好的三维空间场景用三维制作软件制作出来。电脑辅助建立模型的原则是以最精简的布线达到模型的最大完整性。布线的原则是符合模型的结构走向。

图1-22　选自《魔比斯环》表现出了基本的光影效果，对主要材质进行了区分。

应用3ds max建立模型的主要工具和命令

1.Edit spline（编辑曲线）：利用Vertex（点）、Segment（线段）、Spline（线）三种方式对二维图形进行修改。

2.Extrude（挤出）：将二维图形转化为三维图形的最基本方法，通过调整Amount（数量）值来调整所挤出三维模型的高度。

3.Bevel（倒角）：二维图形转三维图形的方法，通过三个级别的控制来实现三维物体的高度和切边的状态。

4.Bevel Profile（倒角剖面）：利用物体的截面图形和剖面图形形成三维模型。

5.Lathe（车削）：利用物体的剖面图形来制作中轴对称的三维物体。

6.Loft（放样）：应用面沿着一定的轨迹运动形成体的原理，利用截面图形和路径建立三维模型。提供了Scale（缩放）、Twist（扭曲）、Teeter（倾斜）、Bevel（倒角）、Fit（拟合）五种修改方式。

7.Terrain（地形）：应用等高线来建立三维地形。

8.Boolean（布尔运算）：用来对三维模型进行焊接、交叉、修剪的修改。

9.Aerry（阵列）：对模型进行快速的多方位复制。阵列提供了移动、旋转、缩放三种阵列方式。

10.Bend（弯曲）：对三维模型进行弯曲处理。

11.FFD（自由变形）：分为圆柱形变形工具、立方体变形工具，根据控制点的多少提供了五种变形工具，用来对三维模型进行外部变形。

12.Shell（壳）：对单面的三维模型进行修改，使之变为有厚度的双面模型。

13.Taper（锥化）：对三维模型进行锥化处理。

14.Twist（扭曲）：对三维模型进行扭曲处理。

15.HSDS（细分光滑）：对三维模型的表面进行光滑，可以选择模型的任何部分进行光滑，有效地防止模型在光滑的过程中出现多余的细分。

16.MeshSmooth（网格平滑）：对三维物体表面进行整体平滑处理。

17.TurboSmooth（涡轮平滑）：对三维物体表面进行整体平滑处理，运算速度稍微快一些。

18.Edit Poly（编辑多边形）：非常强大的三维建模和修改命令。通过Vertex（点）、Edge（边）、Border（边界）、Polygon（多边形）、Element（元素）来完成三维模型的精雕细琢。

七、电脑辅助渲染气氛

[实训练习]

◎ 重　　点：掌握基本的材质设置方式，部分高级材质的应用，以及贴图坐标和贴图展开的应用方法，了解部分灯光特效

◎ 技能要求：能够利用3ds max软件对模型进行合理的材质设置和灯光设置

◎ 实训项目：将建立的模型赋予材质、设置灯光，烘托出场景气氛

根据色稿将制作好的三维空间场景模型赋予材质和灯光效果，并利用电脑强大的特效功能对场景的氛围进一步地调整。

应用3ds max进行材质设置的主要方式

1.Standard（标准）：是基本的材质设置方式，提供了12种贴图通道，能基本满足各种材质的模拟。

2.Blend（融合）：能将相邻的材质很好地融合，是很好的表现无缝贴图最常用的一种方式。

3.Composite（复合）：能将几种材质叠加在一起使用，将简单的材质变的丰富，是制作仿古材质常用的方法。

4.Double Side（双面）：主要用于单面模型的材

质设置，可以制作正、反两面显示不同材质的效果。

5.Ink'n Paint（墨水）：主要用来模拟平面卡通材质效果。

6.Multi/Sub-Object（多维子对象）：针对一个完整的模型，通过设置不同的材质ID号，指定不同的材质。

7.Raytrace（光线跟踪）：主要用来制作镜面、水等高反射材质。

8.Top/Bottom（顶/底）：根据法线进行顶、底材质的划分，可以很好地模拟冰雪覆盖的场景效果。

9.UVW Mapping（贴图坐标）：贴图坐标修改器，提供了七种不同的贴图坐标方式，使贴图更加适合模型的形态。

10.Unwrap UVW（贴图展开）：非常实用的材质指定方式，可以将材质图片与复杂模型精确对位。

应用3ds max进行特效处理的主要命令

1.Fire Effect（火焰特效）：用来模拟火焰的效果。

2.Fog（雾）：用来模拟雾效，可以增加场景的层次感。

3.Volume Light（体积光）：用来制作光线和尘雾效果。

4.Lens Effect（镜头效果）：用来模拟由于镜头的折射出现的光线、光晕、光环、亮星等效果。

八、场景输出

[实训练习]

◎ 重　　点：掌握渲染输出的设置方法
◎ 技能要求：能够根据动画需要渲染输出成所需格式
◎ 实训项目：将制作好的场景渲染输出为静帧图片

根据分镜头脚本和构图在场景中设置摄像机，并依据影片的需要输出成相应的格式，为了便于后期制作通常输出为序列图片格式。

九、岗位能力要求

1.剧本分析能力
2.场景组织能力
3.场景制作能力

[复习参考题]

◎ 三维空间艺术设计的重点在于哪几个方面？分为哪几个步骤进行？
◎ 在绘制场景色稿的时候，重点要表现出哪些效果？

第二章 实训项目一：3ds max打造《功夫熊猫》动画场景

第二章 实训项目一：3ds max打造《功夫熊猫》动画场景

第一节 ///// 分场景分析

图2-1

一、风格分析

《功夫熊猫》梦工厂动画DreamWorksAnimation推出的又一动画力作，它创造了累计近6亿美元的票房纪录。这是一部有着浓郁中国特色的动画电影，影片的故事发生地已然就是中国本土，崇山峻岭、绵延不断，犹如曾名耀世界的中国传统山水画一般，透着一股朦胧的迷人气息。影片中和平谷的建筑风格更让人们想起了武当山的古迹。

二、色调分析

本实例截取了《功夫熊猫》的一幅场景，表现的是夕阳下的效果。因此画面笼罩在暖色的光线中，显得大气、祥和，也是剧中熊猫"阿宝"完成训练，得到师傅肯定后的场景（图2-1）。

三、制作技法分析

从2005年9月，《功夫熊猫》开机至首映，历时长达两年半有余。可见好莱坞动画新贵梦工厂对于影片绝对是精益求精，比如阿宝一开始的2D梦境使用了3000幅画，由十多位画师合力花上3个月时间才完成。本书所作实例力求模拟其场景效果。为了体现阳光效果，应用了"VR阳光"等。

第二节 ///// 场景建模

一、制作树干模型

1.在顶视图中利用曲线命令绘制图形，完后后合曲线，点击"是"按钮（图2-2）。

2.进入修改命令面板，如图所示，进入点层级修改，调节线段外形，让点之间距离更加合理、均匀。（图2-3）。

3.在前视图中利用线命令绘制一条曲线（图2-4）。

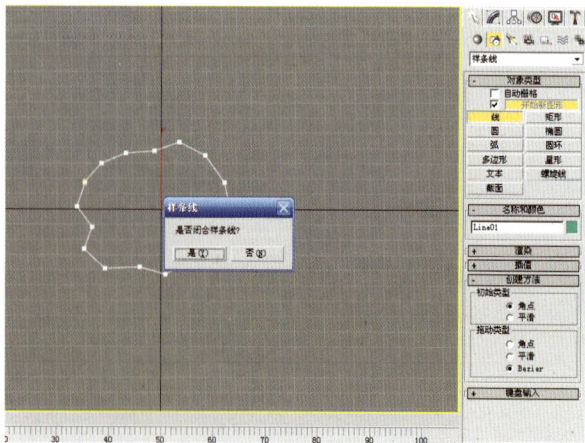

图2-2

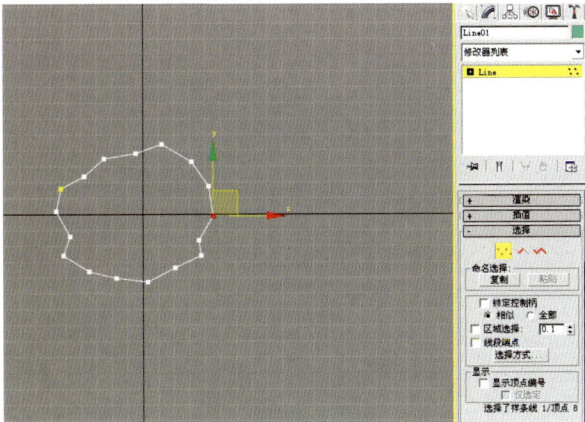

图2-3

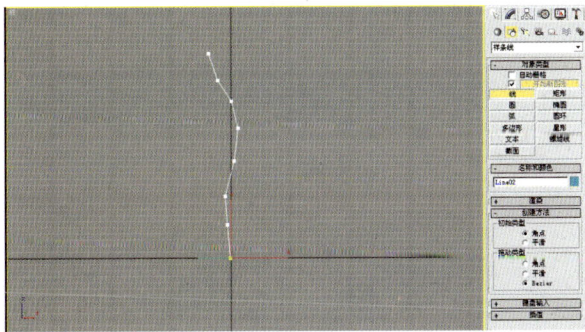

图2-4

4.如图所示，进入点层级调节曲线的形状（图2-5）。

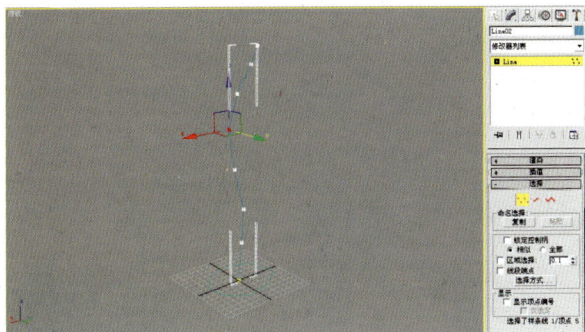

图2-5

5.选择开始我们所绘制的不规则闭合线圈，点击右键选择将其转换为可编辑多边形（图2-6）。

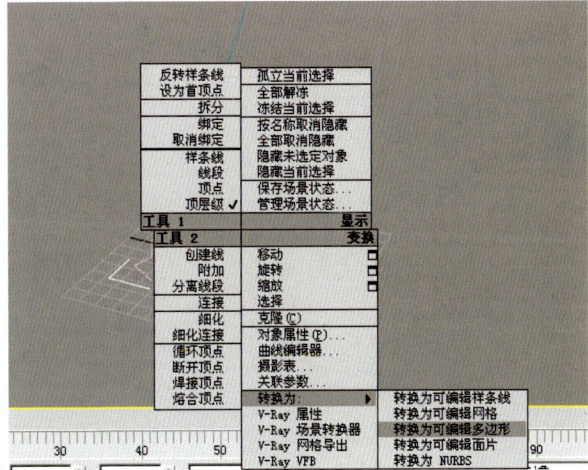

图2-6

6.选中这个多边形，并进入多边形面层级（图2-7）。

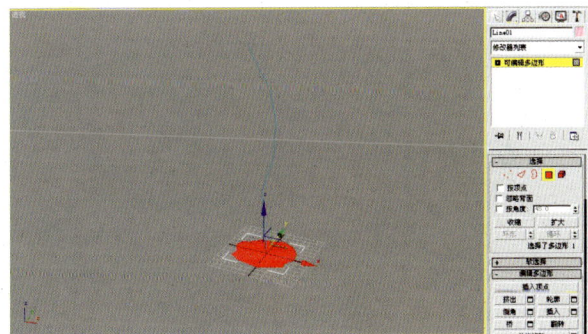

图2-7

7.点击沿样条线挤出命令旁的属性面板，并拾取之前画好的那条曲线，如图显示挤出后的效果（图2-8）。

8.利用参数调节挤出物体的属性，让它接近树干外形（图2-9）。

9.如图所示，选择树干，进入修改面板，利用各个层级修改其外形，尽量调节树干形态，让它更合理（图2-10）。

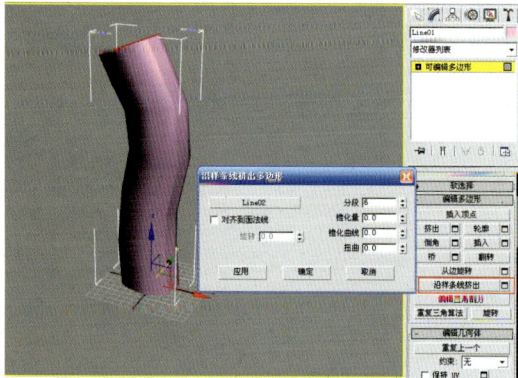

图2-8

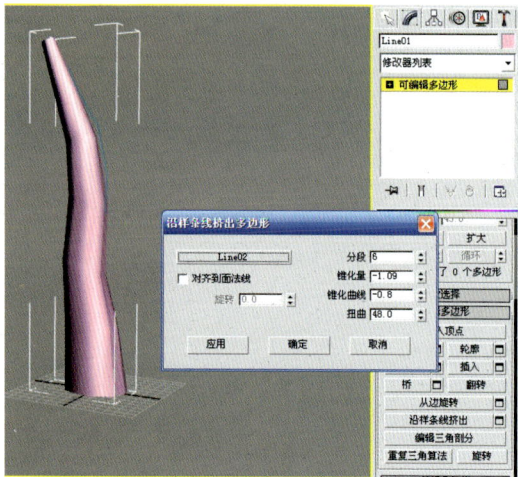

图2-9

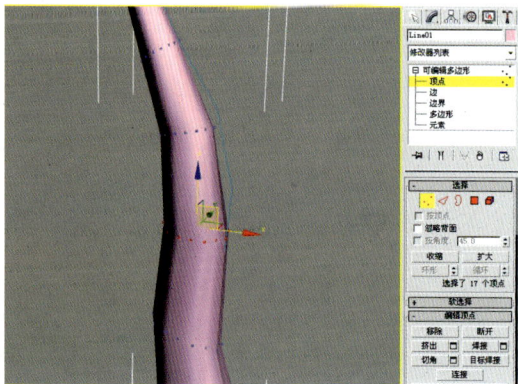

图2-10

10.调节完毕后，选择所有的面，并给予一个相同的光滑组1（图2-11）。

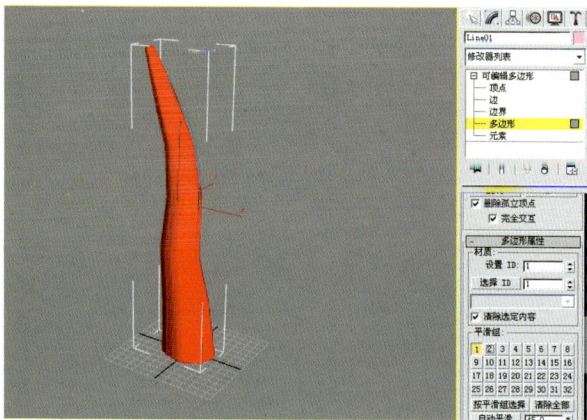

图2-11

二、制作树枝模型

1.在前视图内，使用线段工具绘制出树枝的形态，为树木添加细节（图2-12）。

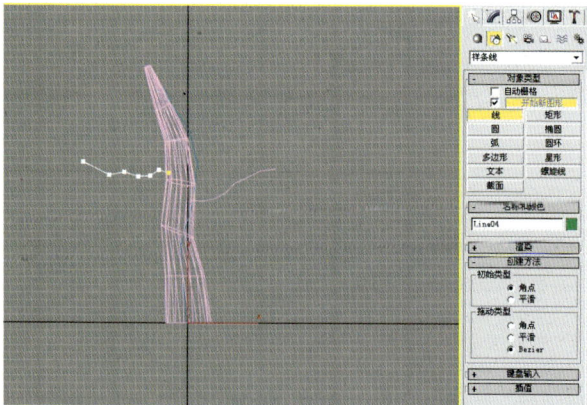

图2-12

2.参照场景图片，继续绘制其他的树枝，并不断调节它们的位置、比例等（图2-13）。

3.打开渲染面板，勾选将曲线转变为实体的各项选项（图2-14）。

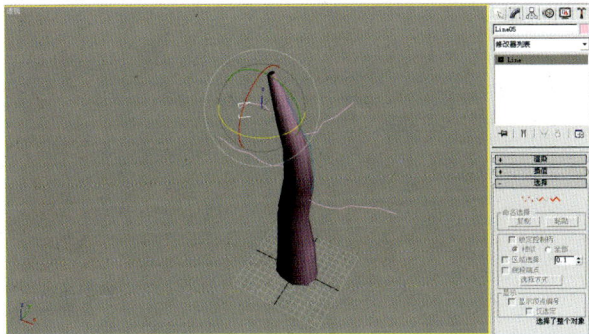

图2-13

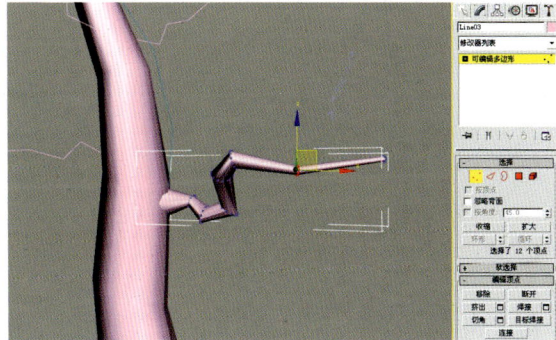

图2-14

4.点击右键将树枝转换为可编辑多边形（图 2-15）。

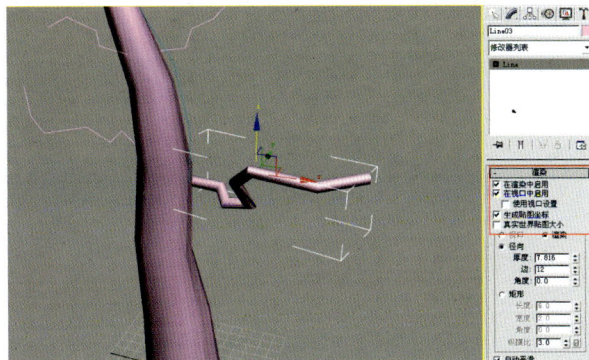

图2-15

5.进入树枝的点层级，为树枝做适当调整（图 2-16）。

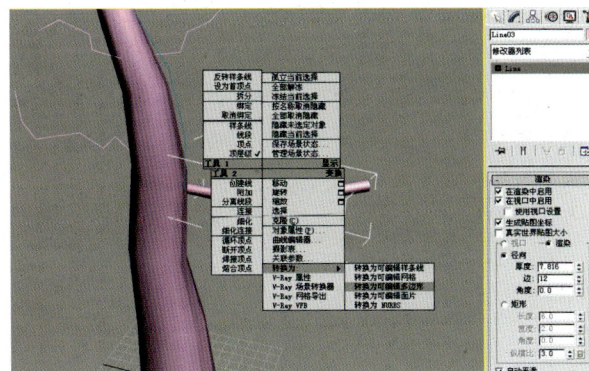

图2-16

6.选择其他的树枝，调整位置，将其插入主树干（图2-17）。

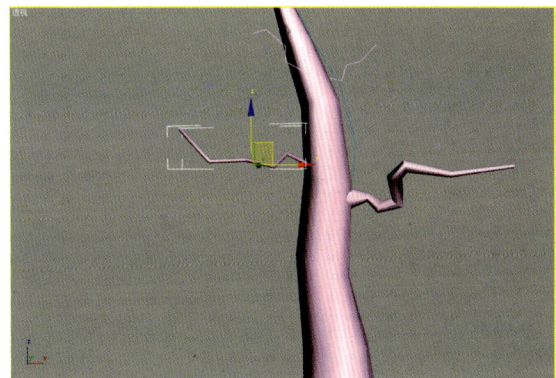

图2-17

7.将其他的树枝使用同样的方法转换为可编辑多边形，并显示为实体（图2-18）。

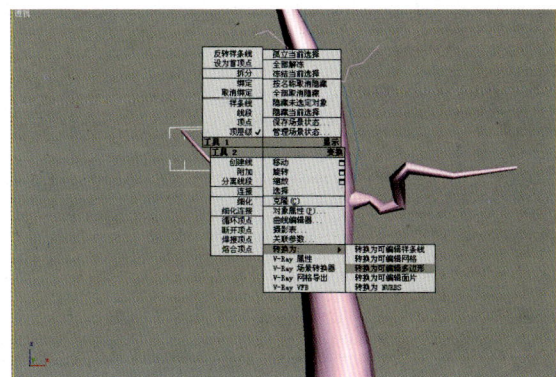

图2-18

8. 添加制作一些其他的小分支，最后将树枝调节到一个比较自然的状态（图2-19）。

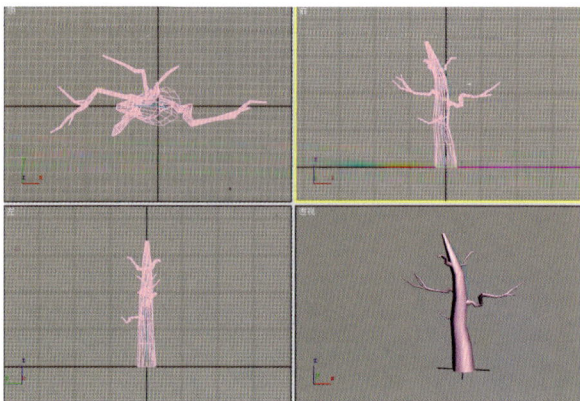

图2-19

9. 完成树枝制作（图2-20）。

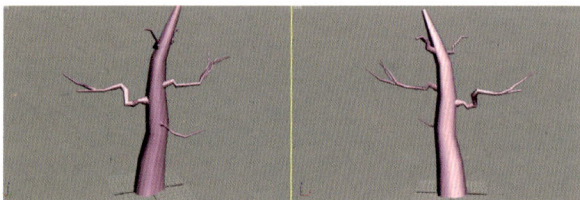

图2-20

三、拆分树干UV

1. 选择树干，点击右键选择显示——孤立当前选择，方便我们观察树干（图2-21）。

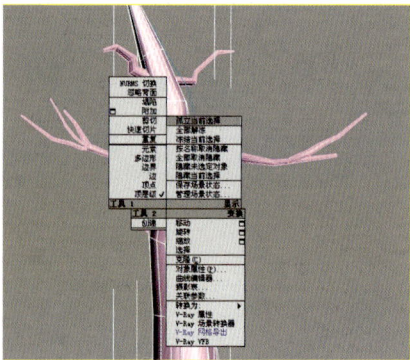

图2-21

2. 给树干添加一个UV编辑器（图2-22）。

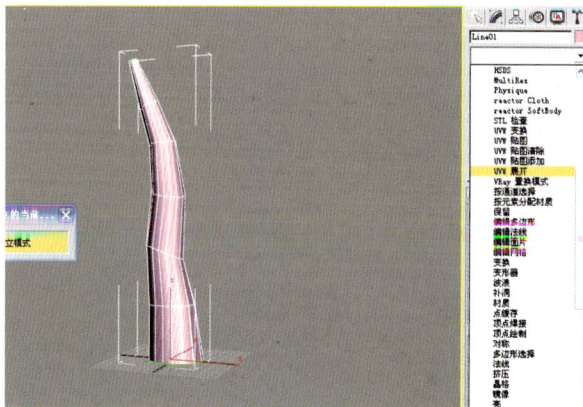

图2-22

3. 点击编辑按钮，可以观察到当前默认的UV很杂乱，需要我们手动展平（图2-23）。

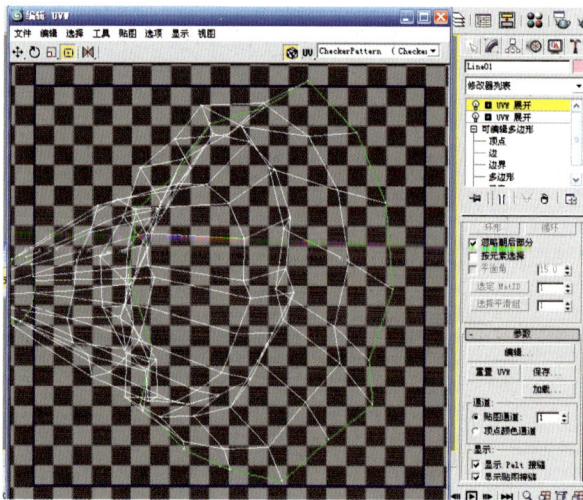

图2-23

4. 进入树干的边层级，选择一条边，点击循环按钮（图2-24）。

5. 如图所示，点击循环后，我们就选择了这一圈所有的边（图2-25）。

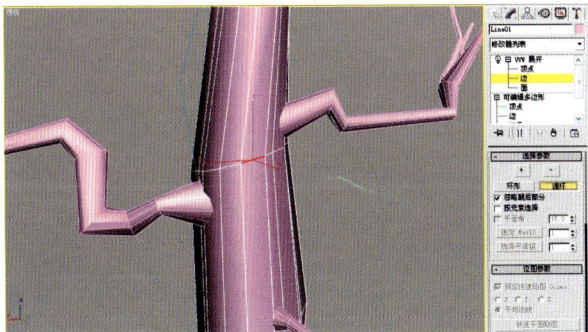

图2-24

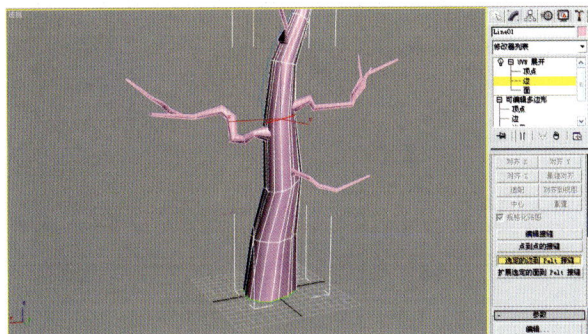

图2-25

6.再点击接缝按钮,将树干UV打断。打断后,线条呈蓝色显示,表示从蓝色线条处开始,树干上下已经被打断为两个部分(图2-26)。

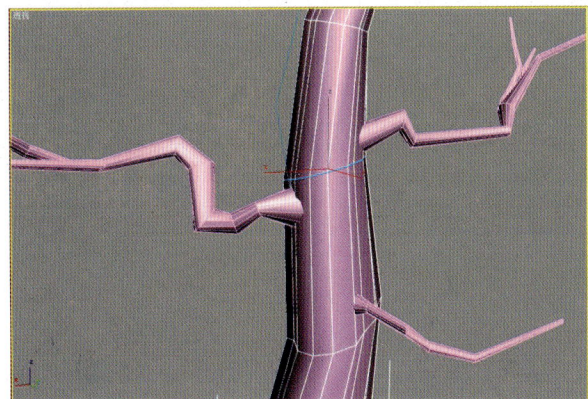

图2-26

7.接下来选择另外竖向的边,也将其打断(图2-27、图2-28)。

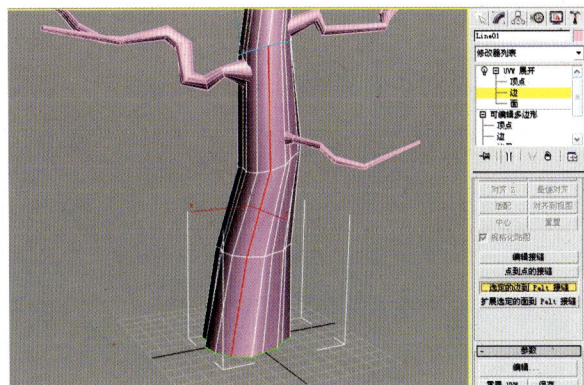

图2-27

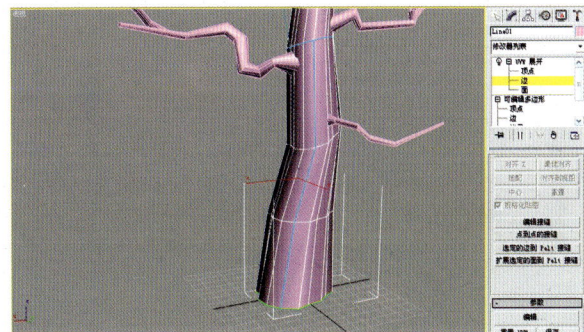

图2-28

8.选择树干上部的竖向线段,将其打断(图2-29)。

图2-29

9.完成后，蓝色线表示出整棵树干的ＵＶ被拆分为两个部分（图2-30）。

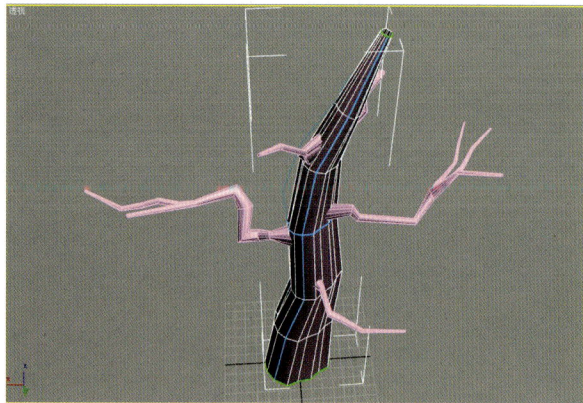

图2-30

10.拆分出的UV需要我们进行调整，打开UVW编辑器，如图调整选项，让棋盘格在模型上显示，以便观察（图2-31、图2-32）。

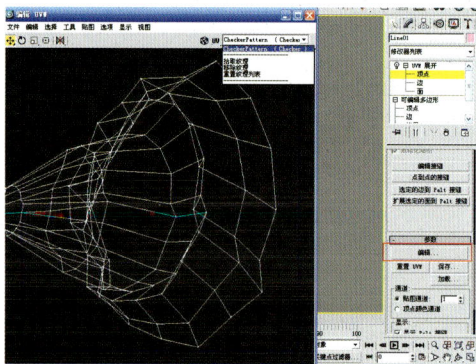

图2-31

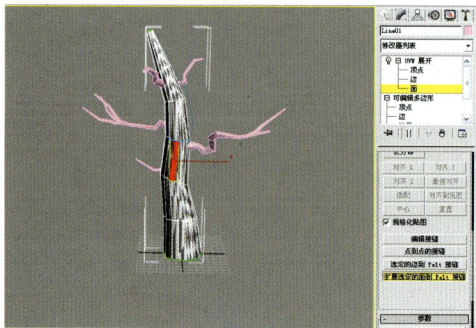

图2-32

11.点选树干上的一个面，并点击如图所示面板上的按钮，可以方便地选择到这个已拆分开的ＵＶ元素（图2-33）。

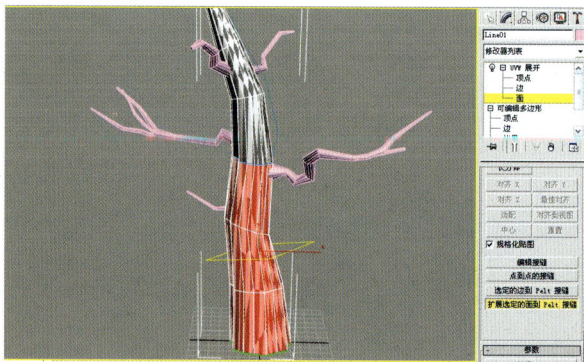

图2-33

12.点选Pelt按钮再选择编辑Pelt贴图，弹出属性窗口和UV编辑窗口（图2-34）。

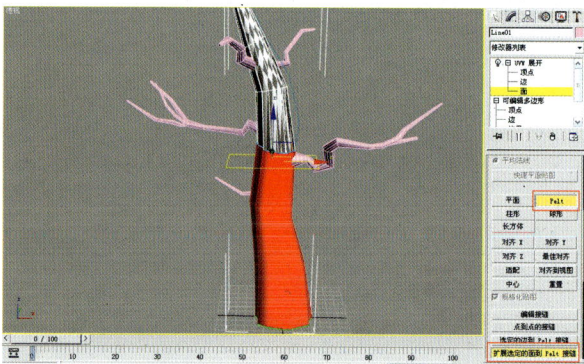

图2-34

13.点击参数面板中的点击模拟Pelt拉伸，将ＵＶ调正（图2-35）。

14.适当旋转牵引线调整，可以将ＵＶ展的更平（图2-36）。

15.观察树干上的棋盘格分布，如果有扭曲的地方，就要做适当调整（图2-37）。

16.使用同样的方法继续展树干上部分的ＵＶ（图2-38）。

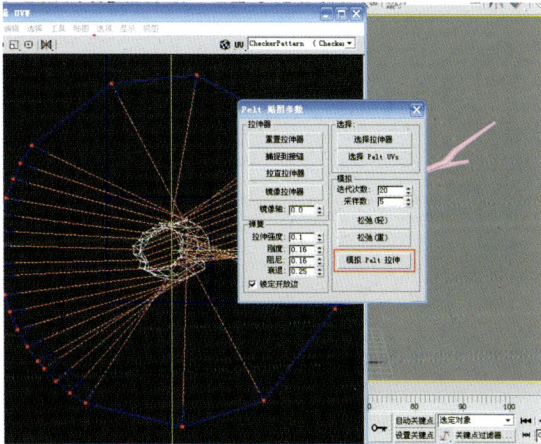

图2-35

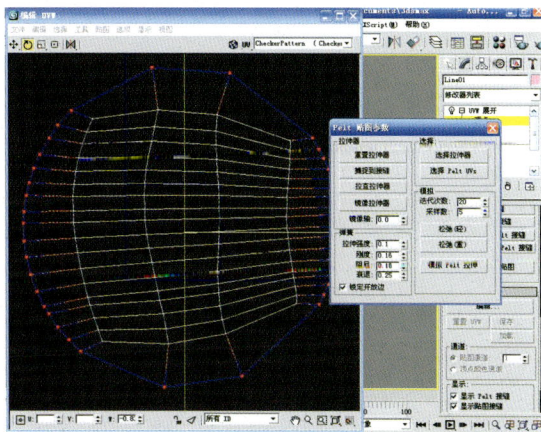

图2-36

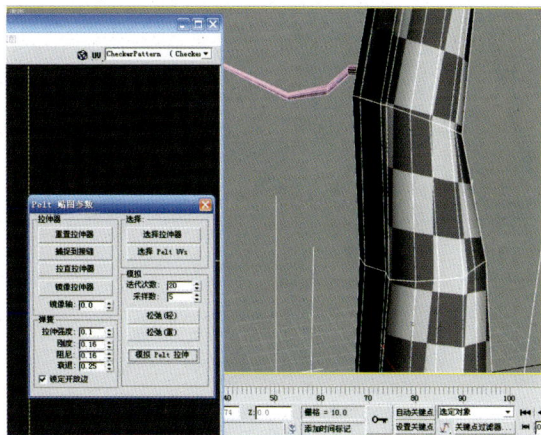

图2-37

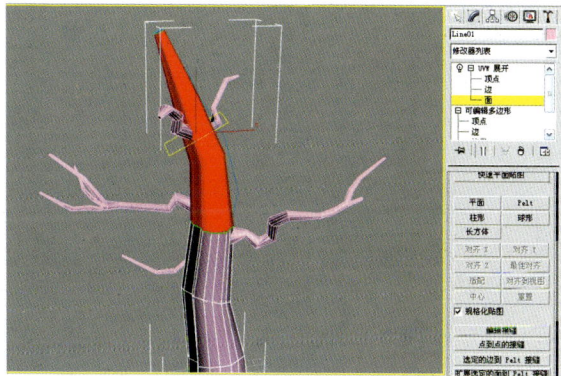

图2-38

17.如图所示，尽量让UV展平（图2-39）。

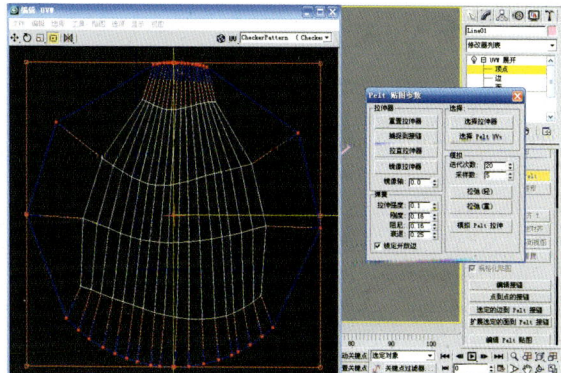

图2-39

18.将展平后的ＵＶ放到蓝色线框内，调正其大小，接下来我们要使用Photoshop来处理ＵＶ贴图（图2-40）。

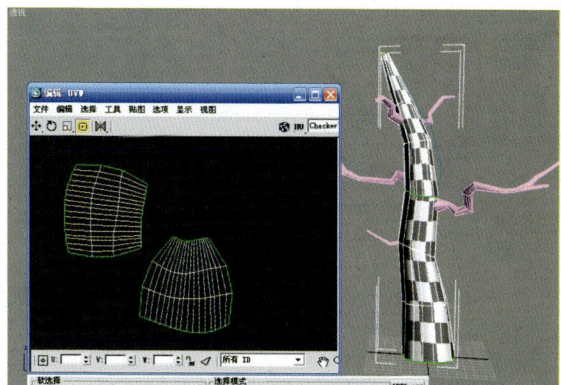

图2-40

四、用Photoshop处理UV贴图

1.打开Photoshop并新建一个文件（图2-41）。

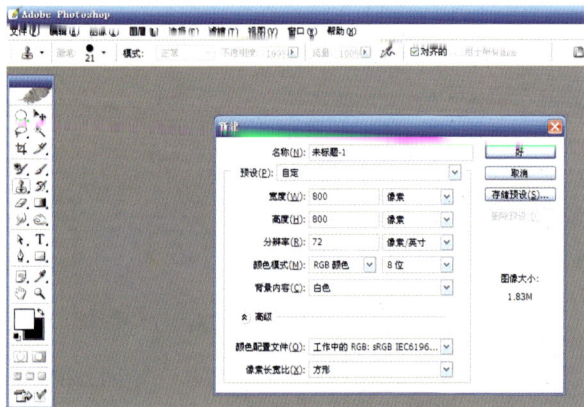

图2-41

2.将在3D里UV的截图复制进来（图2-42）。

【注：可以使用Prscrn屏幕截图，然后按ctrl+V可直接复制进Photoshop的新文件内】

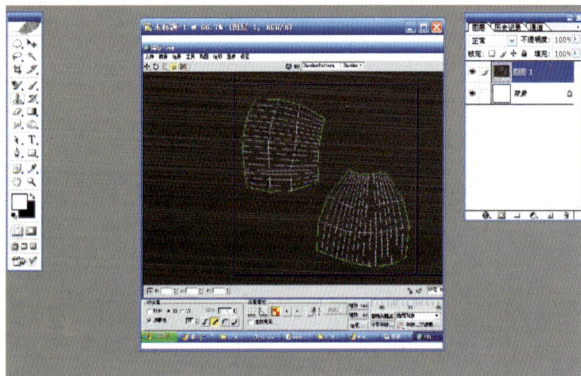

图2-42

3.使用裁剪工具裁剪图片，我们只需要蓝色线框内的图片（图2-43）。

4.打开一张树皮纹理材质（图2-44）。

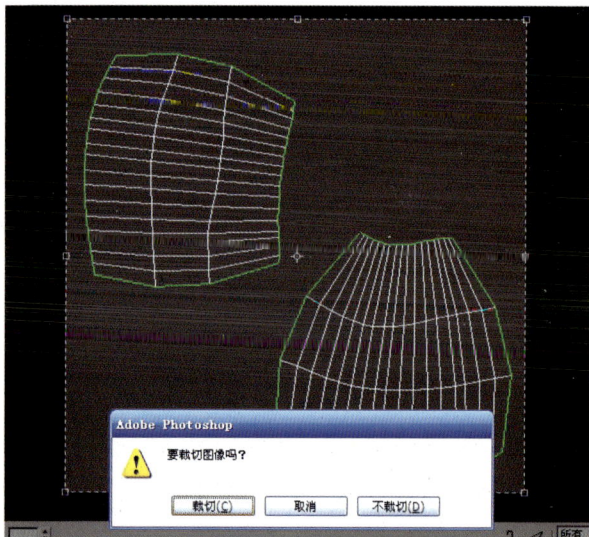

图2-43

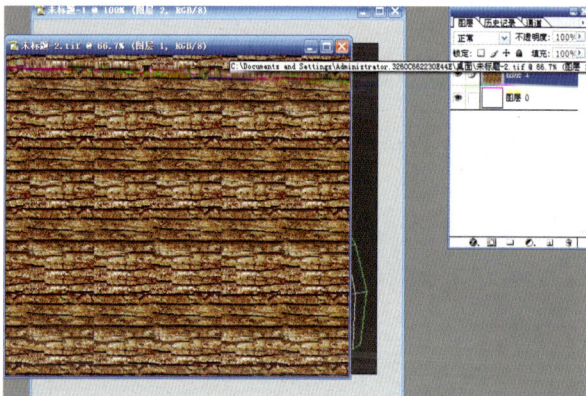

图2-44

5.新建一层，使用自定义笔刷工具，将树皮纹理按照UV展开图的大小绘制在新建的图层上（图2-45）。

6.再新建一个图层，绘制出另外一块树皮材质，并将图层一隐藏，只留下树皮（图2-46）。

7.将当前图片保存为TIF格式（图2-47）。

【注：也可以存为其他格式，JPG格式会有损图片压缩质量，所以不推荐】

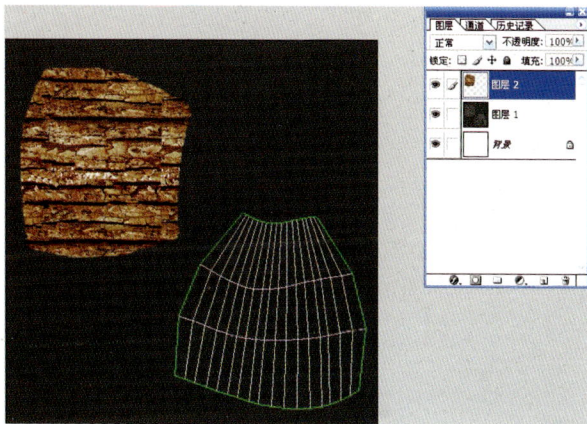
图2-45

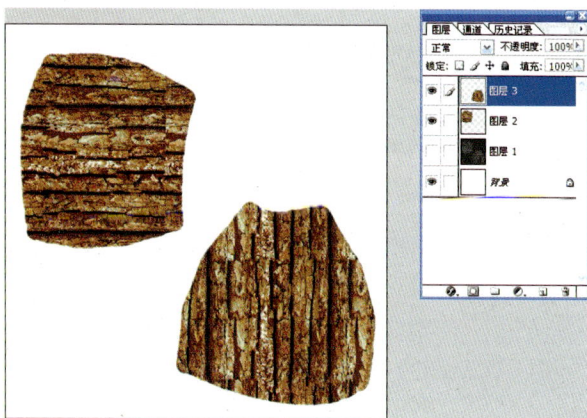
图2-46

图2-47

五、处理树干UV及树枝材质

1.回到3ds max，按M打开材质编辑器，选择一个材质球，将它赋予树干模型（图2-48）。

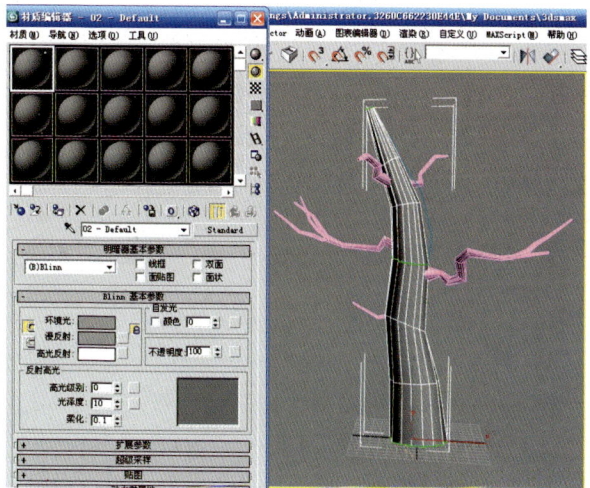
图2-48

2.在漫反射贴图内选择位图（图2-49）。

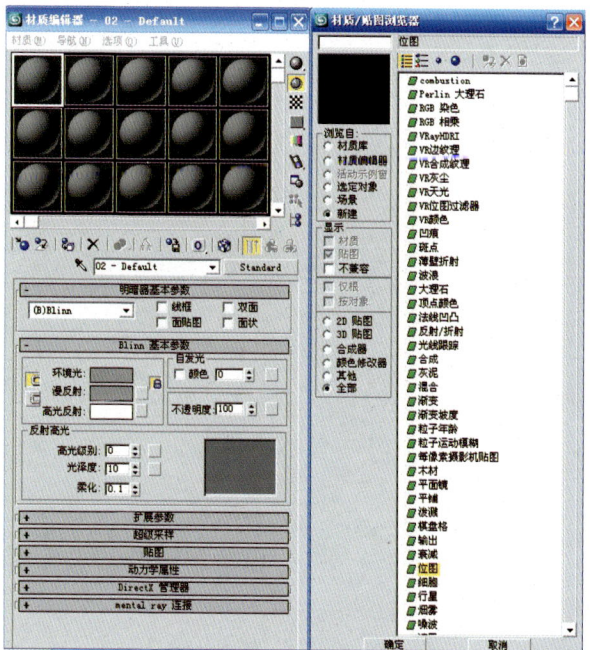
图2-49

3.选择处理好的树皮TIF文件，并让贴图效果在窗口中显示（图2-50）。

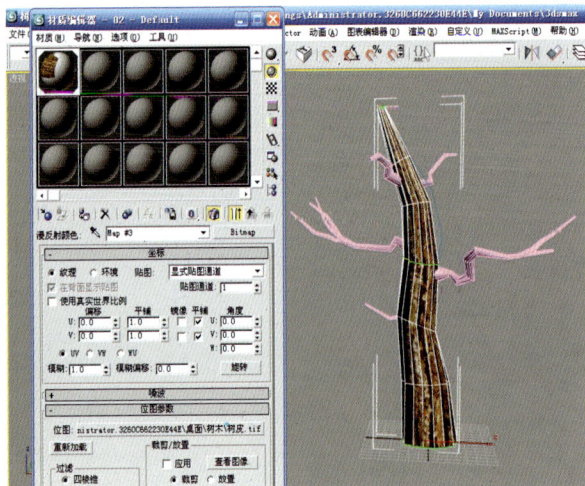
图2-50

4.将其他的树枝全选（图2-51）。

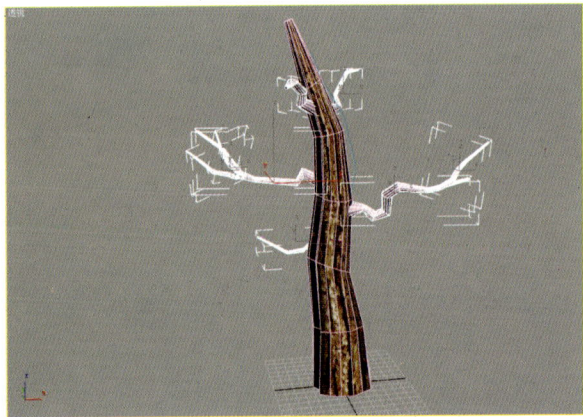
图2-51

5.将另一个材质球赋予给树枝模型（图2-52）。

6.在漫反射贴图里选择位图（图2-53）。

7.选择一张树枝贴图素材，并在窗口显示效果（图2-54、图2-55）。

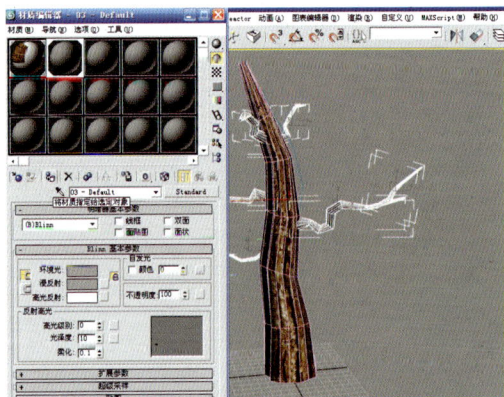
图2-52

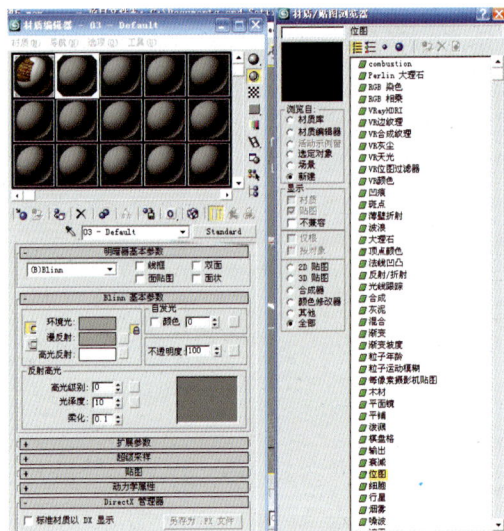
图2-53

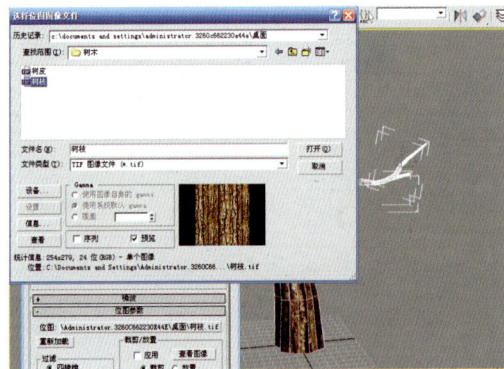
图2-54

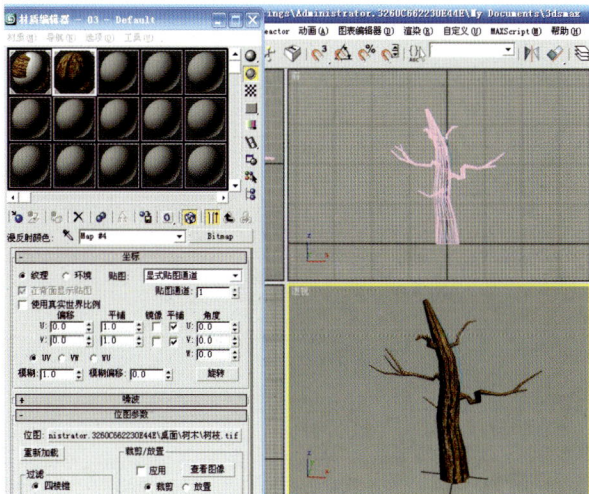
图2-55

六、树叶的制作

1.在顶视图创建一个平面，参数如图（图2-56）。

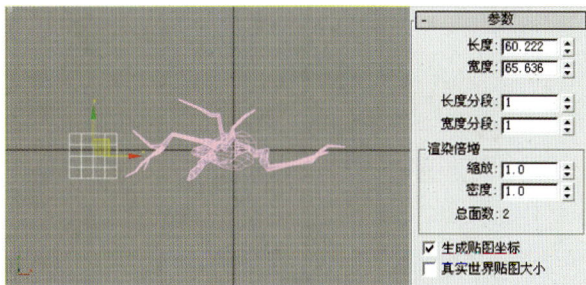
图2-56

2.并将其转换为可编辑多边形（图2-57）。

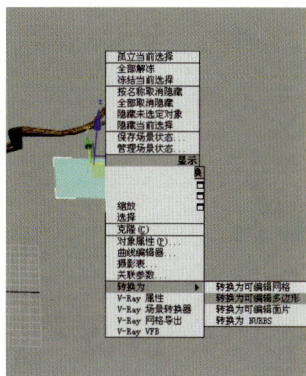
图2-57

3.进入点层级，选择两个对角点，并点击链接按钮，将模型切出一条边（图2-58）。

图2-58

4.在模型上击右键，在弹出的菜单中选择切片命令（图2-59）。

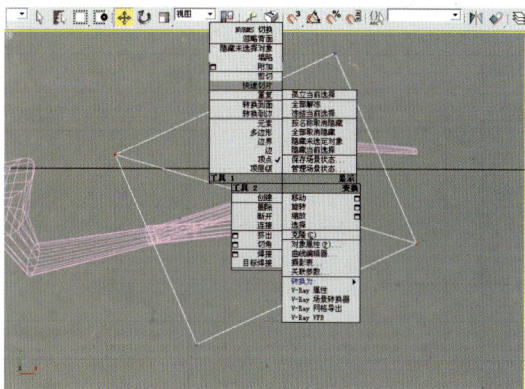
图2-59

5.切出另外一条对角边（图2-60）。

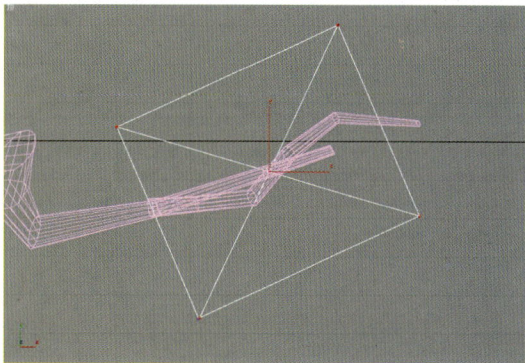
图2-60

6.选择中心的点，向上移动，让平面模型隆起（图2-61）。

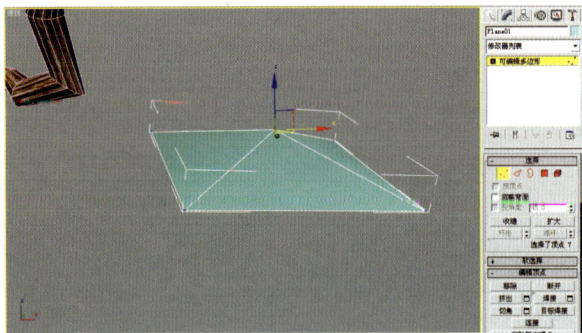

图2-61

7.进入Photoshop，选择一张红色树叶素材（图2-62）。

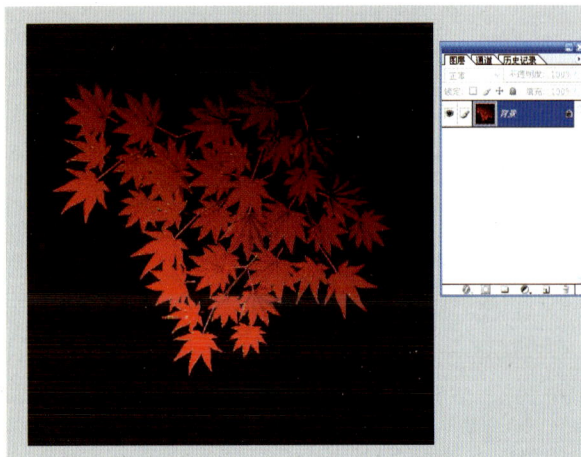

图2-62

8.在通道面板里新建一个通道，并将树叶部分填充为白色（图2-63）。

9.保存树叶图片为带通道的ＴＧＡ格式（图2-64）。

10.回到3ds max，打开材质编辑器，指定一个新的材质球给面片模型（图2-65）。

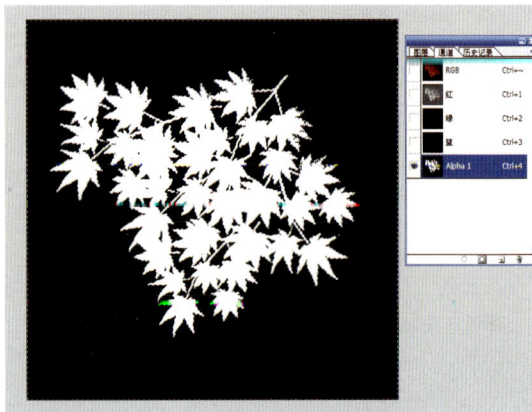

图2-63

图2-64

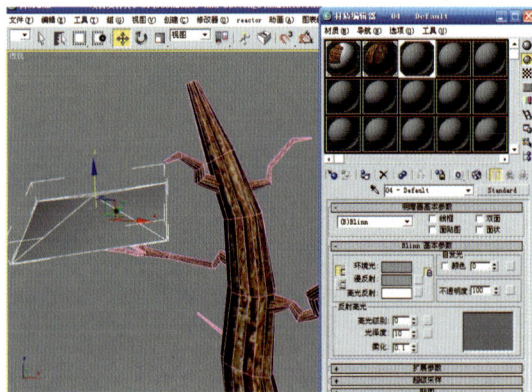

图2-65

11.给漫反射通道里指定位图贴图（图2-66）。

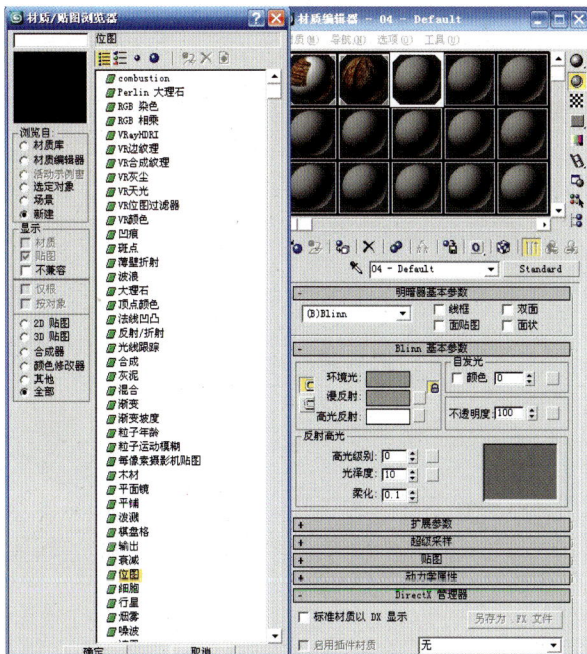

图2-66

12.选择我们存好的TGA树叶文件（图2-67）。

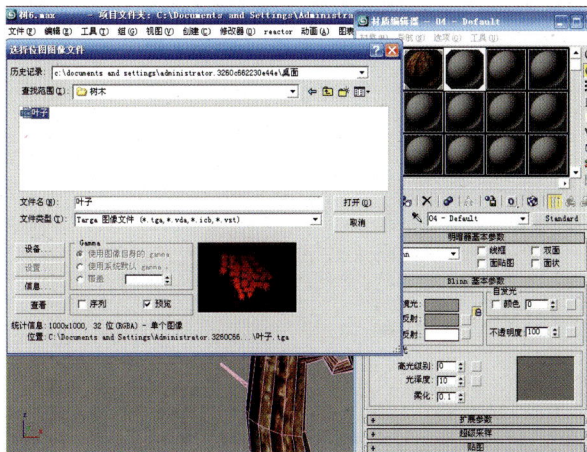

图2-67

13.在参数属性面板中选择Alaha来源为：无（不透明），这样能使将来做叶片时不会产生白边（图2-68）。

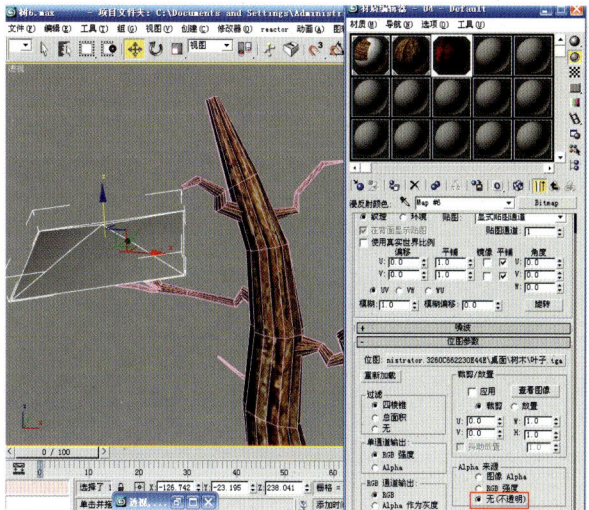

图2-68

14.直接拖动漫反射贴图到不透明度贴图上，弹出对话框选择"复制"（图2-69）。

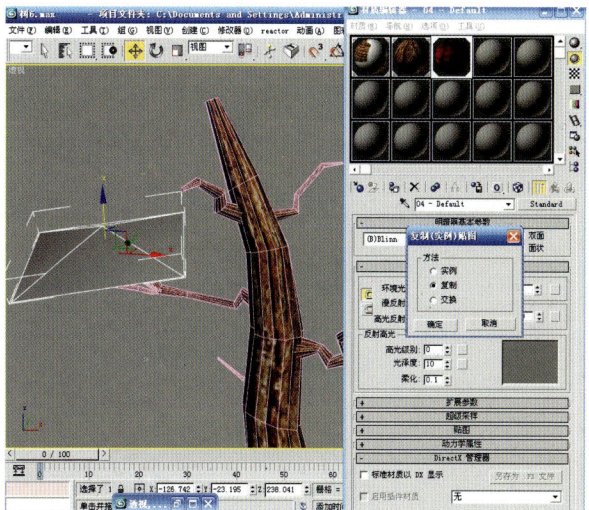

图2-69

15.在不透明度贴图参数面板中选择单通道输出为"Alpha",Alpha来源为"图像Alpha"(图2-70)。

【此时可渲出观察树叶效果】

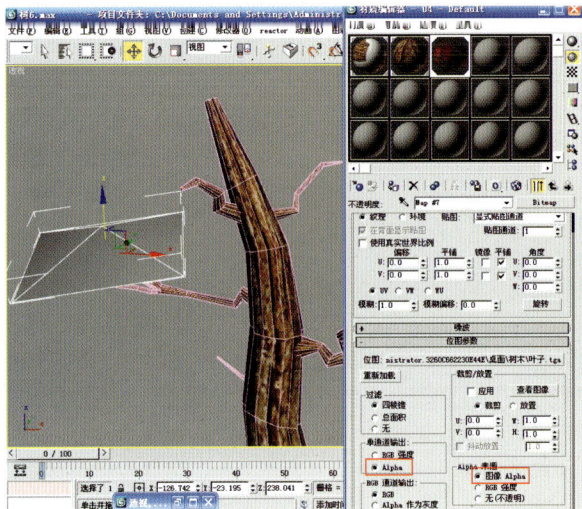

图2-70

16.将做树叶的面片模型复制多个,按住Shift键拖动模型可直接复制(图2-71)。

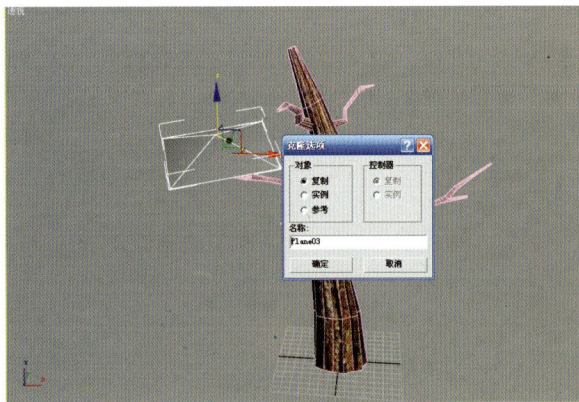

图2-71

17.调整树叶模型的大小、位置等细节(图2-72)。

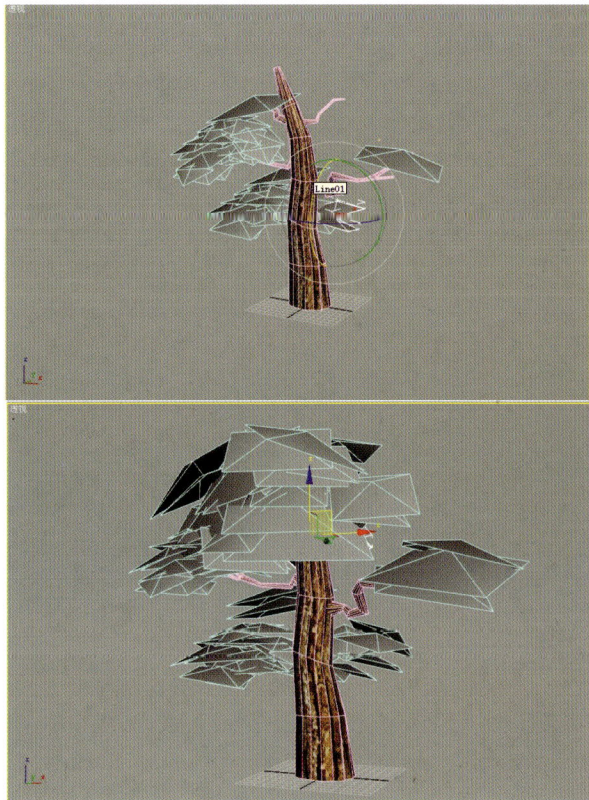

图2-72

18.观察最后的树木细节(图2-73)。

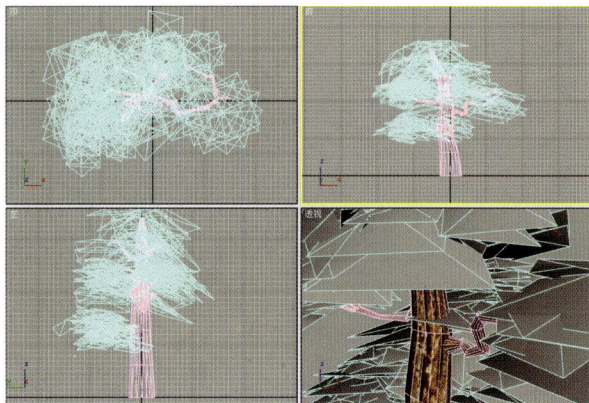

图2-73

19.最终完成树的制作，简单渲染观察（图2-74）。

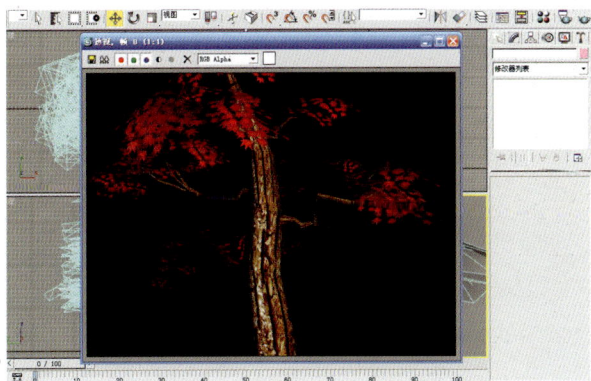

图2-74

七、石头和地面的制作

1.创建一个新的平面，参数如图（图2-75）。

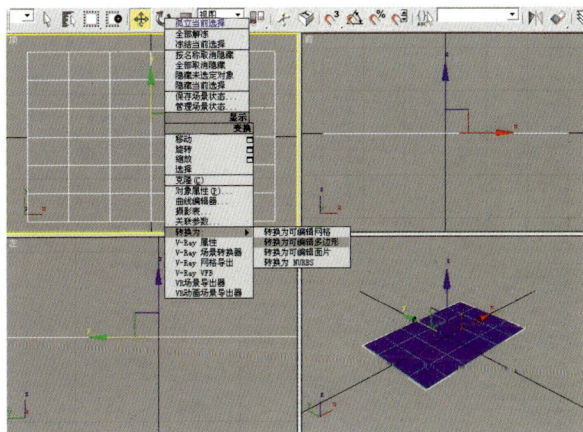

图2-75

2.将平面转换为可编辑多边形（图2-76）。

3.进入到物体的点层级，适当调节各点的位置，让地面产生高低起伏（图2-77）。

4.再创建一个新的平面，我们来做石头，参数如图（图2-78）。

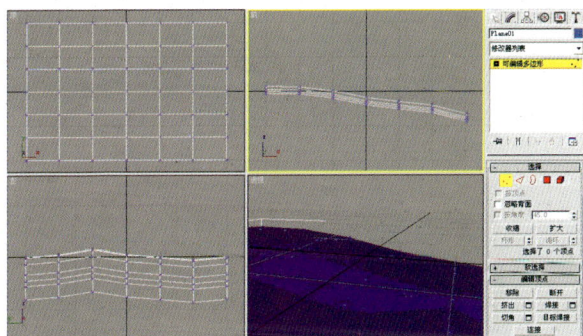

图2-76

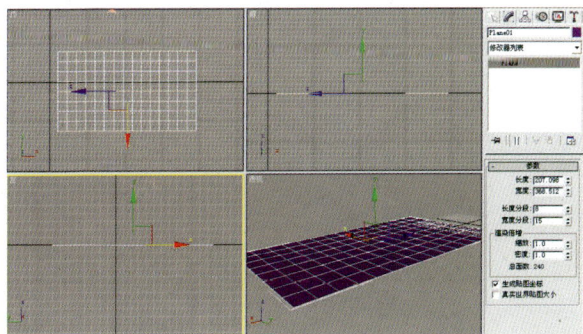

图2-77

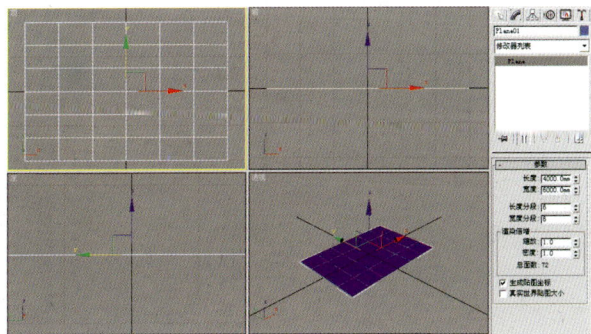

图2-78

5.将做石头的平面转变为可编辑多边形，进入到物体的点层级，参照原图，适当调节平面的形态（图2-79）。

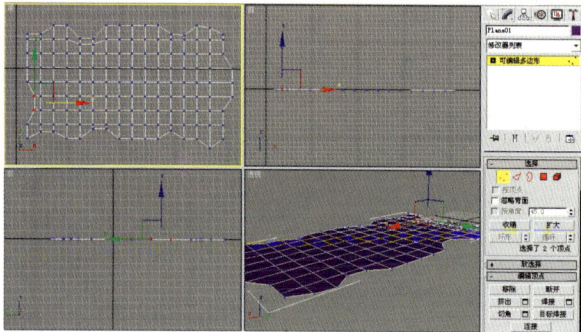

图2-79

6.选择物体最外层一层的所有点，在前视图里使用移动工具向下拉（图2-80）。

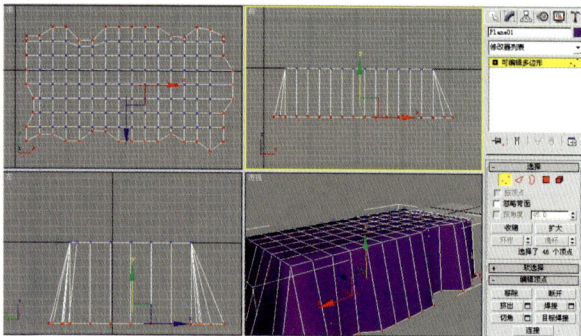

图2-80

7.进入到物体的边层级，如图所示在前视图里选择边（图2-81）。

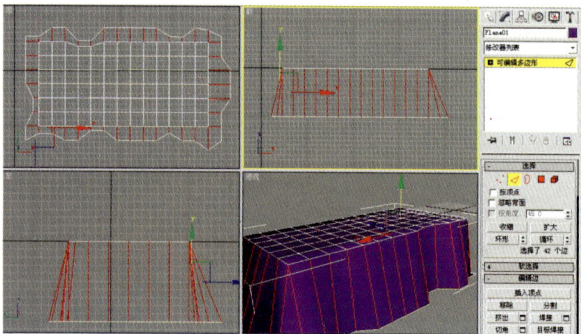

图2-81

8.点击面板中连接按钮旁的属性按钮，在弹出的对话框中设置参数如图（图2-82）。

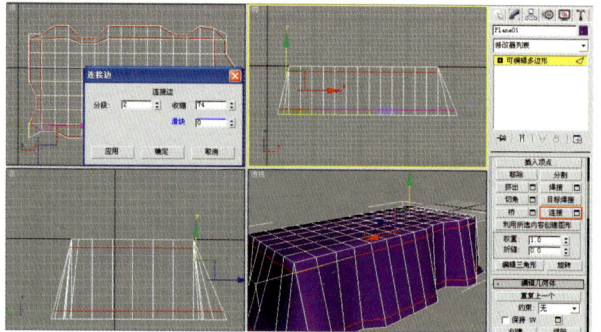

图2-82

9.给物体添加涡轮平滑命令（图2-83）。

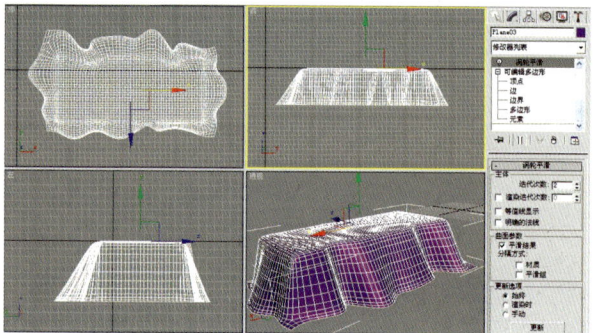

图2-83

10.物体添加FFD2X2X2命令，进入到控制点级别，适当调整点的位置，让物体产生高低（图2-84）。

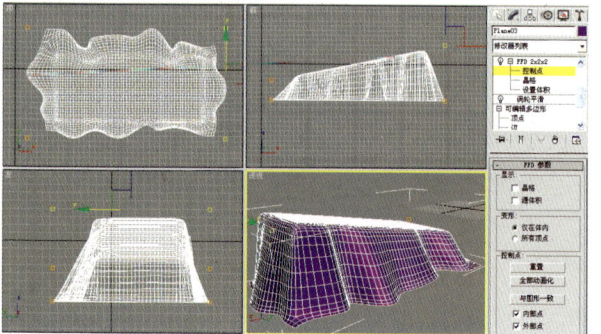

图2-84

11.进入到物体的多边形层级，在绘制变形属性栏中适当调节笔刷大小及推拉值，给石头模型添加细节（图2-85）。

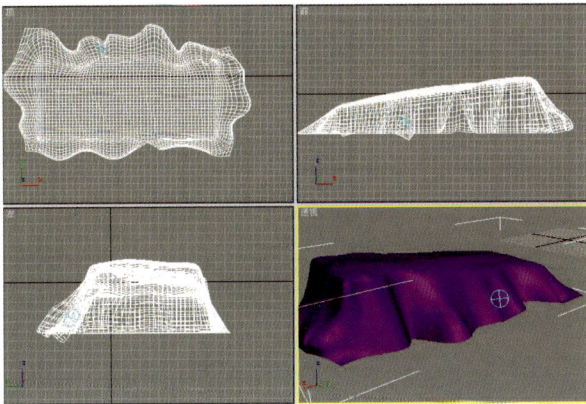

图2-85

12.选择菜单栏中"文件-合并"，在弹出的文件浏览窗口中，打开保存的"树"文件。通过旋转、移动和复制调整位置，将其合并到场景场中。

13.打开材质编辑器，指定一个新的材质球给石头模型，选择"顶/底"材质（图2-86）。

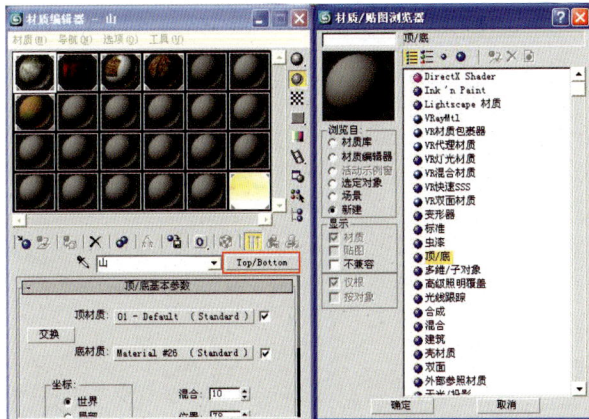

图2-86

14.为顶材质设置反射高光参数如图（图2-87）。

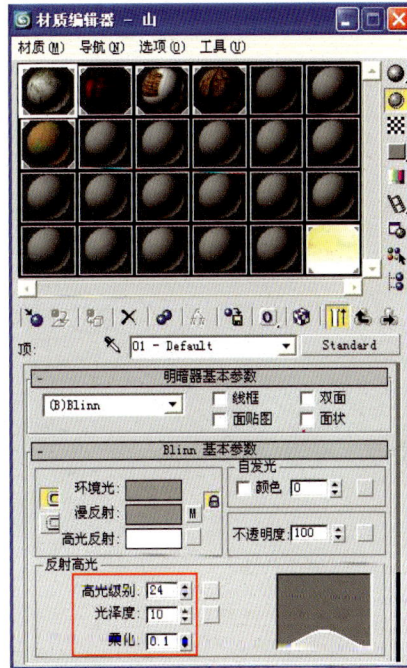

图2-87

15.在顶材质的漫反射贴图内选择位图，指定一张石头材质给模型顶部（图2-88）。

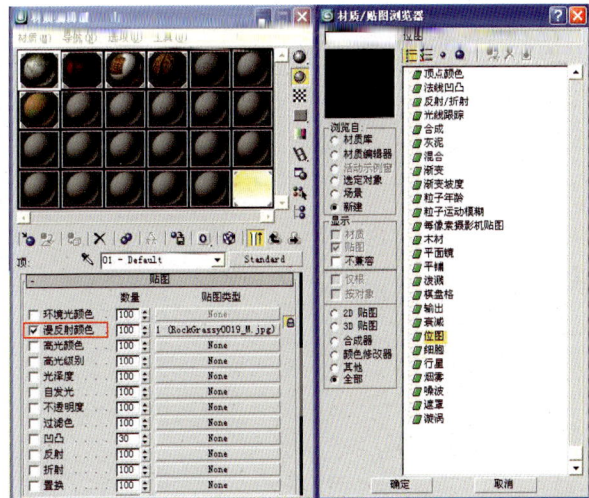

图2-88

16.选择另一张石头材质，分别在漫反射、凹凸内指定贴图（图2-89）。

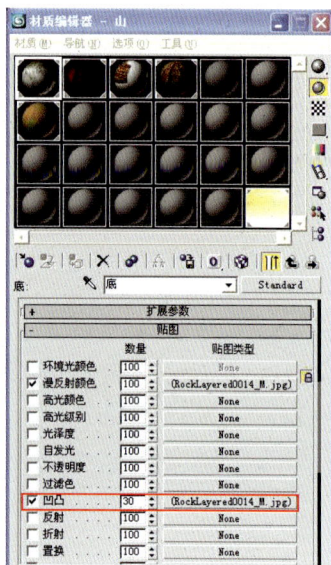

图2-89

17.指定漫反射贴图内位图的平铺数量（图2-90）。

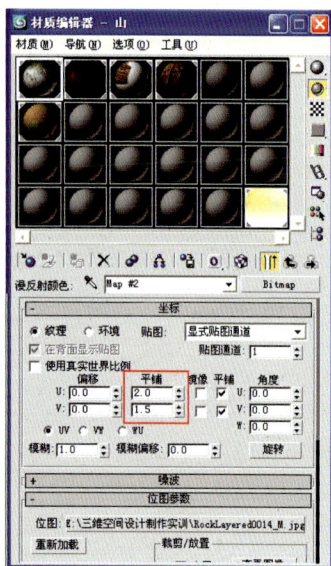

图2-90

18.选择一个新的材质球，指定给地面模型，选择混合材质（图2-91）。

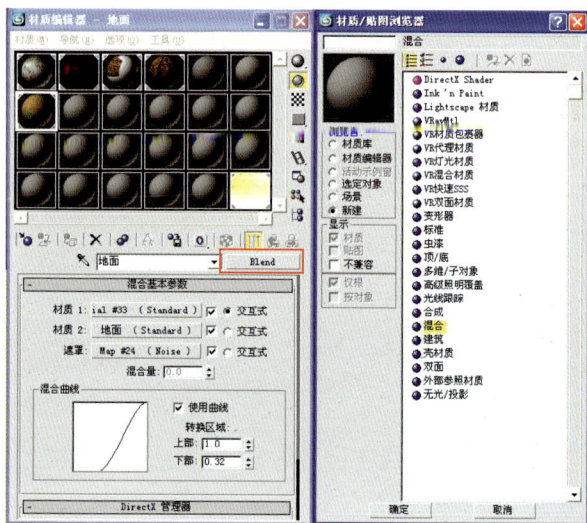

图2-91

19.调节混合材质一的漫颜色，参数如图（图2-92）。

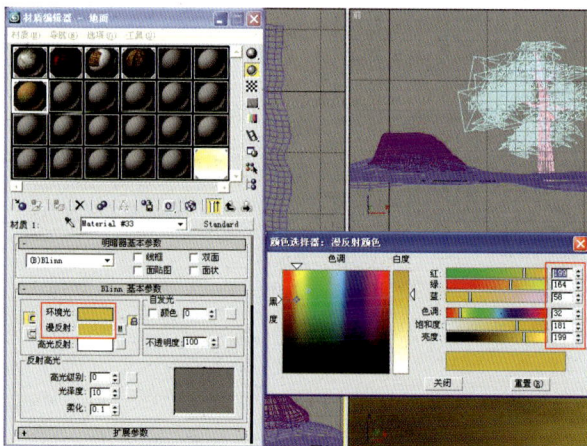

图2-92

20.在材质一内指定一张草地位图文件给地面模型（图2-93）。

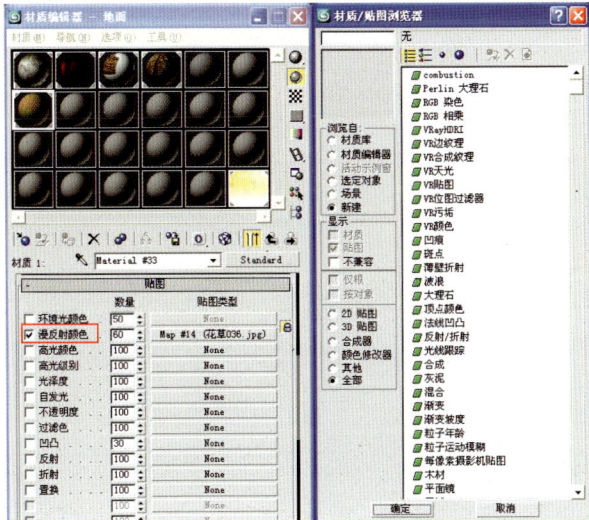
图2-93

22.调节混合材质二的漫反射颜色，参数如图（图2-95）

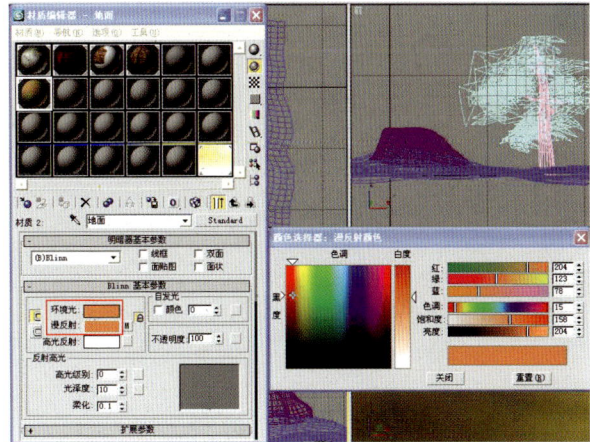
图2-95

21.设定草地位图的平铺数量（图2-94）。

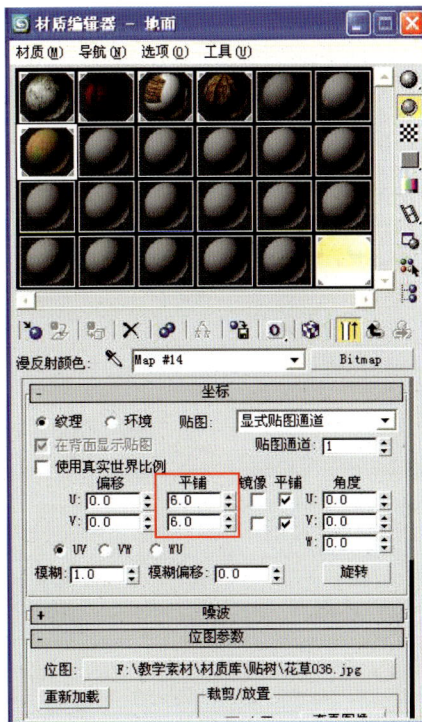
图2-94

23.在材质二内指定一张黄土位图文件给地面模型（图2-96）。

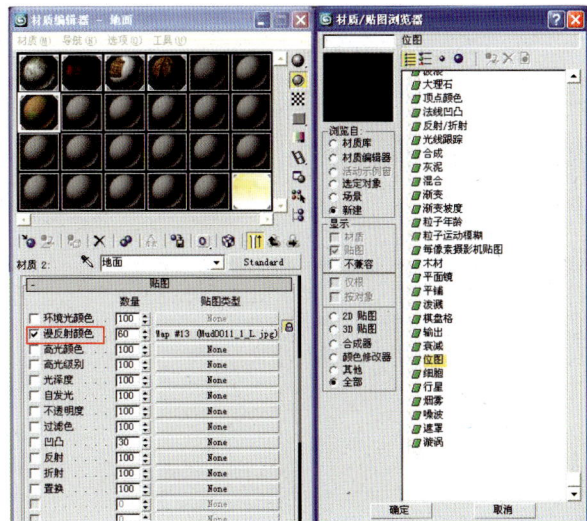
图2-96

24.设定黄土位图的平铺数量（图2-97）。

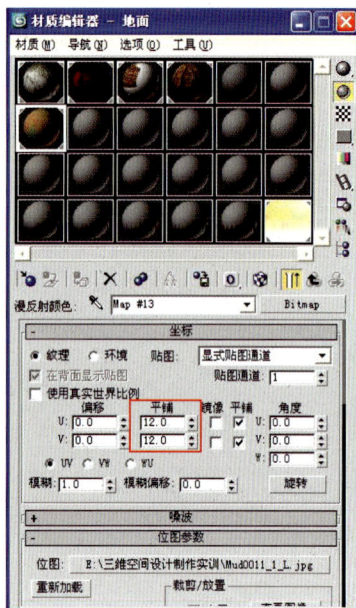
图2-97

25.设置混合贴图的遮罩参数（图2-98）。

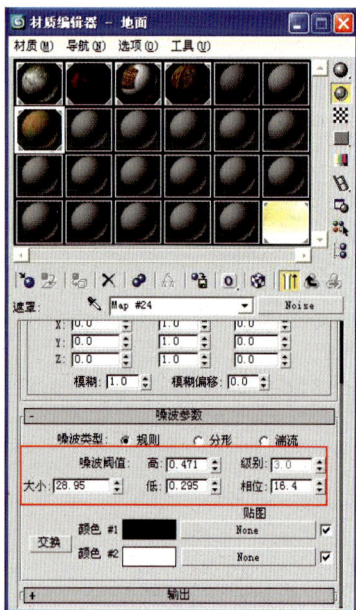
图2-98

26.将"渲染<环境"贴图设置为混合（图2-99）。

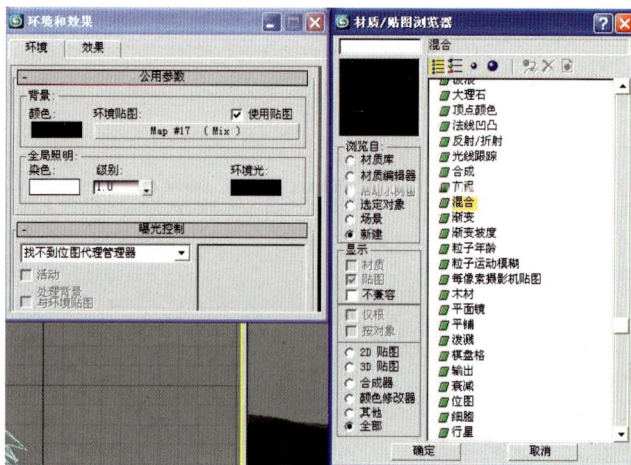
图2-99

27.将环境贴图拖动到材质球上选择实例方式复制（图2-100）。

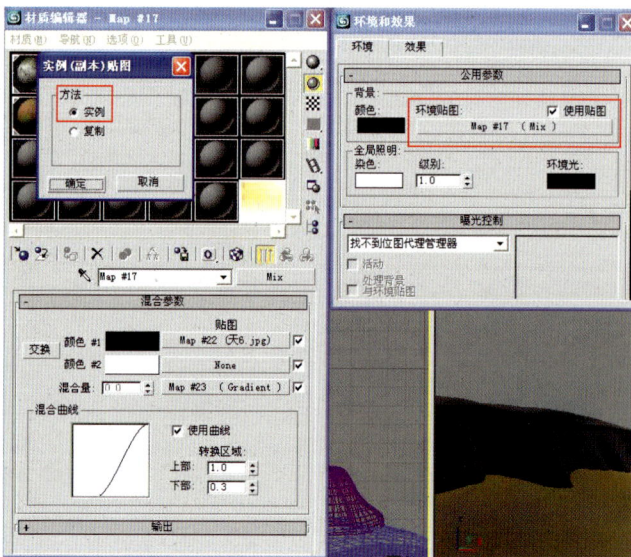
图2-100

28. 在黑色贴图通道贴入图片后，图片编辑面板，点击查看图像按钮后，打开的图像框虚线部分是要显示的图片内容。记得要勾选前面的应用按钮（图2-101）。

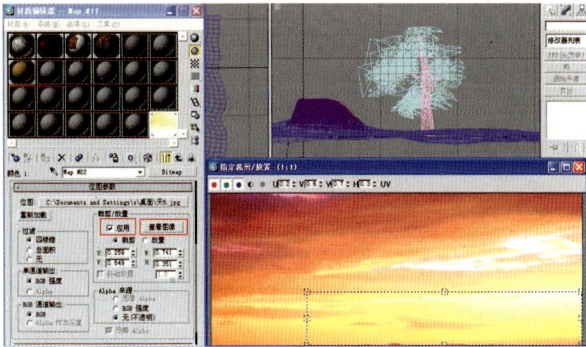

图2-101

29. 在混合量一栏加入的渐变混合方式（图2-102）。

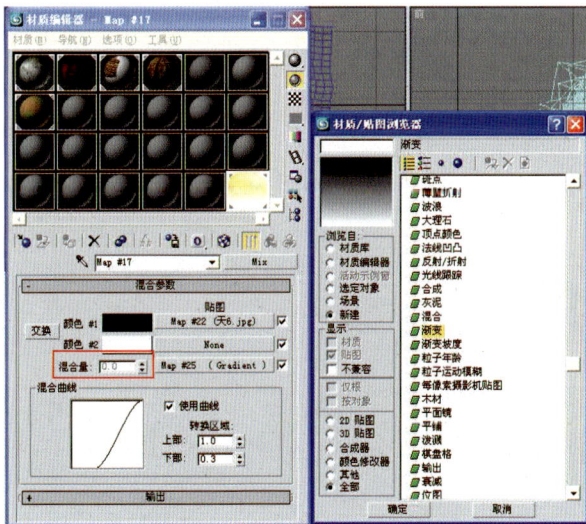

图2-102

八、渲染氛围

1. 点击"创建-灯光-V-Ray"给场景创建一个VR阳光，调整位置如图所示位置（图2-103）。

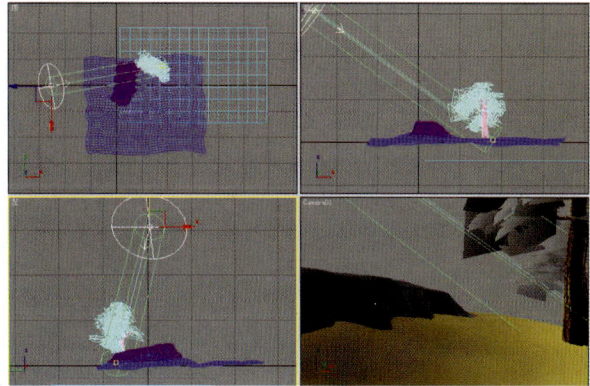

图2-103

2. VR阳光参数设置如图所示（图2-104）。

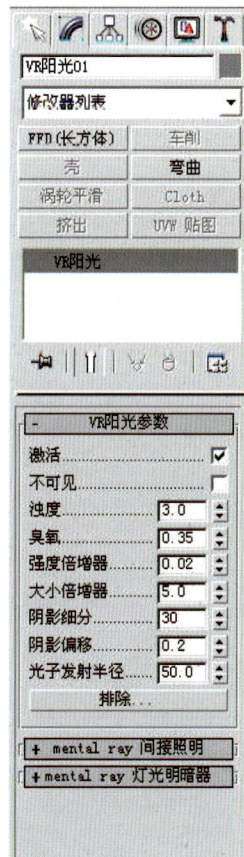

图2-104

3.点击"创建-灯光-V-Ray"再给场景创建一个VR灯光，调整位置如图所示位置（图2-105）。

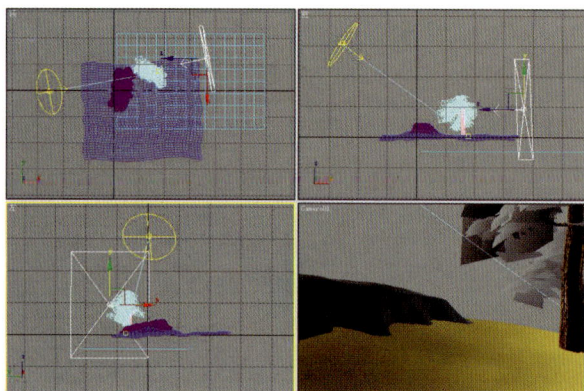

图2-105

4.在VR灯光的参数面板中，点击"排除"按钮，在弹出的对话框中行进选择，设置如图（图2-106）。

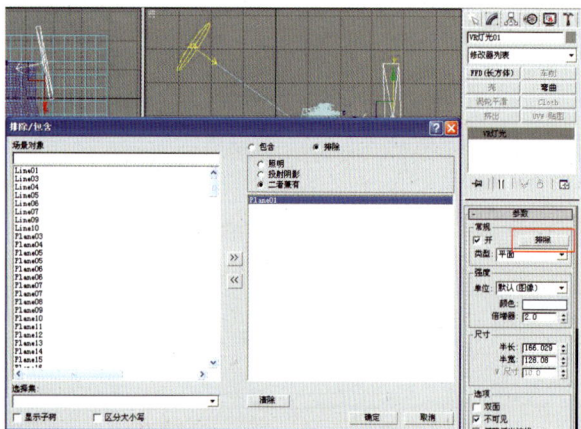

图2-106

5.在VR灯光参数面板中设置灯光颜色（图2-107）。

6.勾选选项面板中的所需选项（图2-108）。

7.点击"创建-摄影机"给场景创建一个标准摄影机，位置如图（图2-109）。

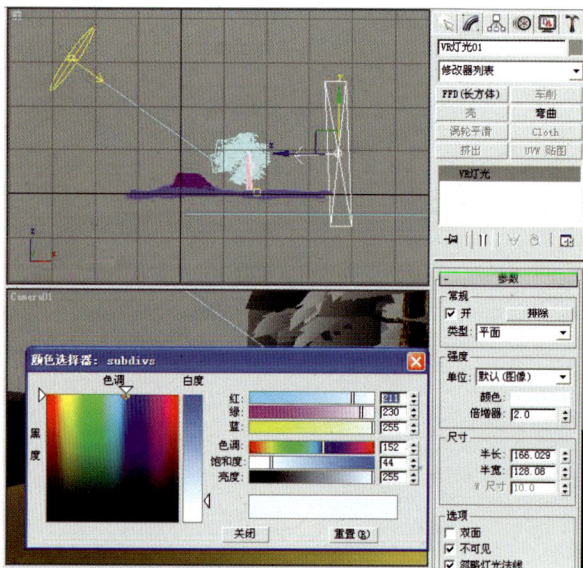

图2-107

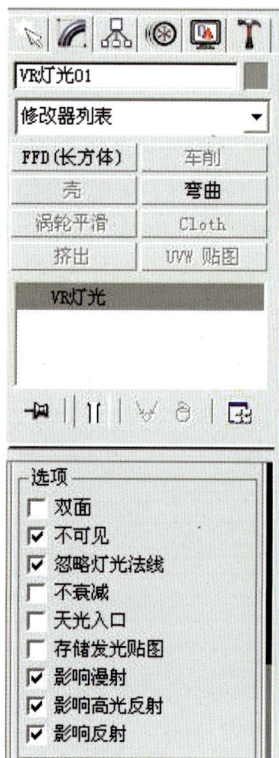

图2-108

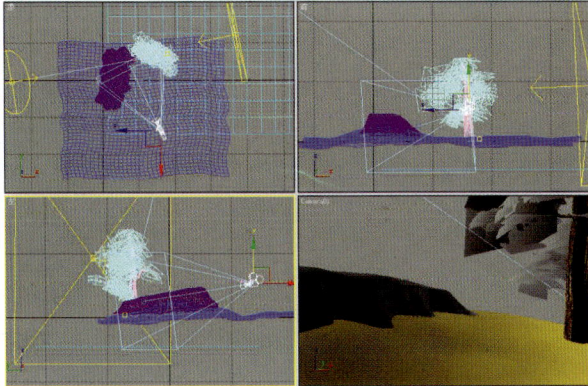

图2-109

8.摄影机参数如图（图2-110）。

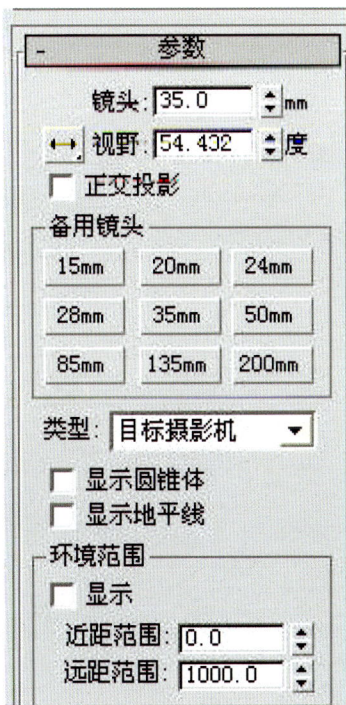

图2-110

9.按下键盘的【F10】键，打开"渲染场景对话框"，选择V-Ray渲染器，在弹出的对话框中设置参数，如图所示（图2-111、图2-112、图2-113）。

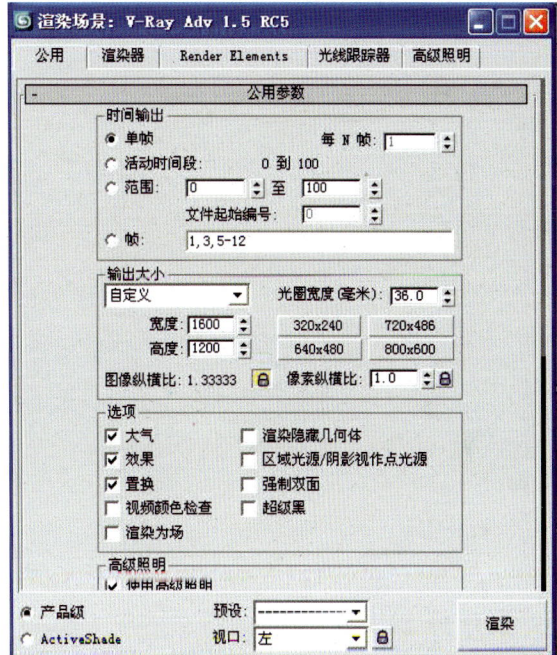

图2-111

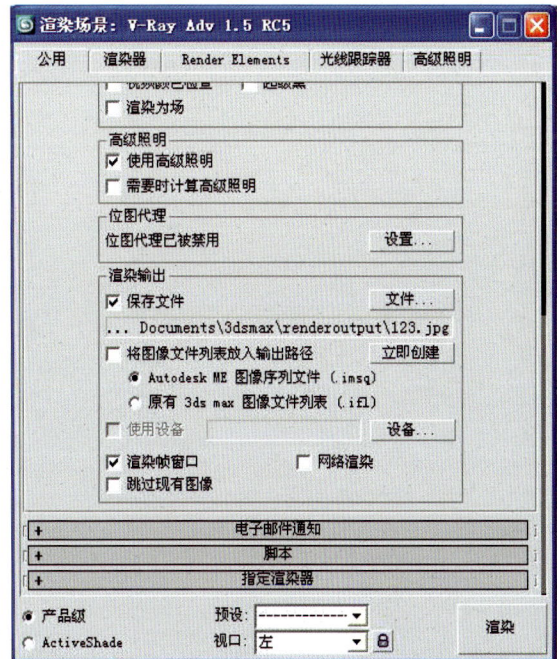

图2-112

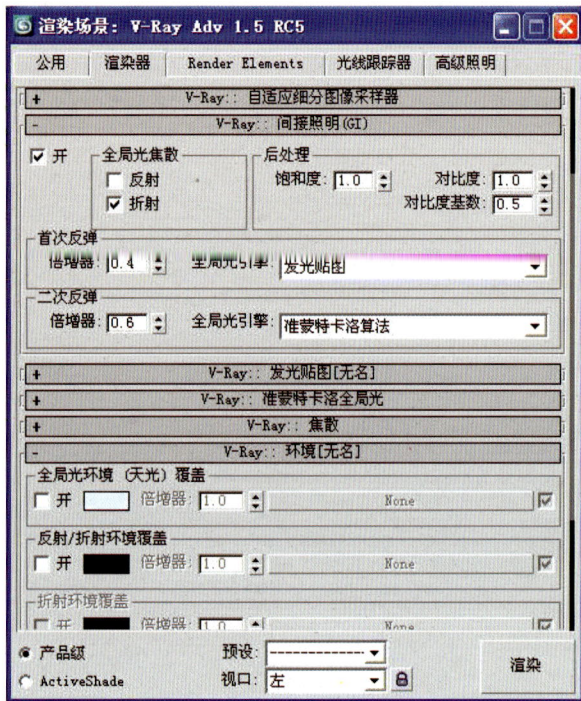

图2-113

10.渲染输出。

第三章 实训项目二：3ds max打造《汽车总动员》动画场景

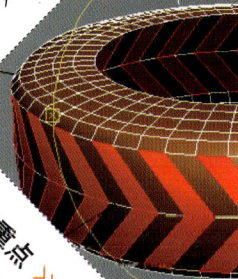

■ 本章重点 》

培养学生应用三维软件建立动画场景模型的能力。难点是培养学生独立解决实际问题的能力。

■ 学习目标 》

通过本次学习，使学生掌握三维场景的创建方法，对象材质的编辑，灯光、摄像机的设置以及各种特效的制作技巧。掌握三维空间对象的灯光及摄像机的设置，要求学生能建立自己的场景，掌握三维空间对象的材质及贴图，并能进行静态渲染。

■ 建议学时 》

26学时。

第三章　实训项目二：3ds max打造《汽车总动员》动画场景

第一节 ///// 场景分析

一、风格分析

《汽车总动员》是皮克斯公司推出的又一动画力作。它主要针对儿童和赛车爱好者们，因此在整体风格上采用卡通加写实的风格。场景和角色造型接近于卡通的圆润风格，而材质和灯光设计则力求写实，甚至可以达到以假乱真的效果。

二、色调分析

本实例截取了《汽车总动员》的一幅场景，表现的是白天阳光下的效果。因此在色彩定位上采用大量的暖色，使整个场景笼罩在阳光的照耀之下。

三、制作技法分析

本片的制作应用了巨大的处理系统和先进的设

图3-1

备，我们采用3ds max9.0来再现其制作过程，模拟其效果。为了达到模型的圆润效果，在模型制作中我们采用了大量的"多边形建模"方式。为了体现阳光效果，应用了"VR阳光"。在材质处理上，为求真实效果，采用了Vray贴图方式。为求画面色彩的统一，为各种主要材质融入了统一的色调（图3-1）。

第二节 ///// 场景建模

场景建模是通过3ds max等三维制作软件完成，进行三维空间制作的关键是"布线"。三维物体模型是依靠线的交织形成的，我们将制作这些线的过程称之为"布线"。线的多少直接影响动画的运行速度，所以"布线"时，在不影响模型效果的前提下，尽量将线的数量降到最少，这也是"布线"的基本原则。

在进行建模之前首先要对软件进行基本设置，这样更能便于我们进行操作。打开3ds max9.0软件。选择菜单栏中的自定义＜单位设置（图3-2）。

打开单位设置的对话框，将单位改为"毫米"（图3-3）。

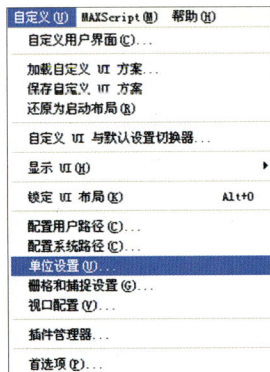

图3-2

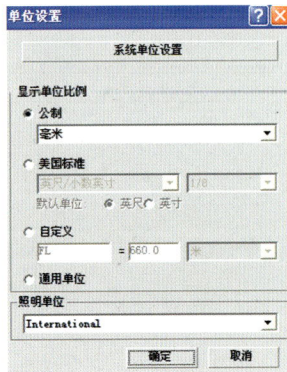

图3-3

一、利用线、面命令搭建路面

1.选择"创建<几何体<平面"在顶视图绘制一个平面作为地面，打开修改面板，将其命名为"地面"，设置长60000mm，宽60000mm，参数（图3-4）。

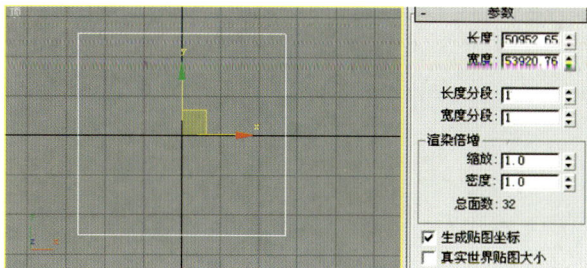

图3-4

2.选择"创建<图形<矩形"在顶视图绘制一个长60000mm，宽8000mm的矩形，命名为"柏油路面"。使"柏油路面"处于选择状态，选择工具栏中的 图标，在"地面"上单击鼠标左键。弹出"对齐当前选择（地面）"对话窗口，设置（图3-5）。

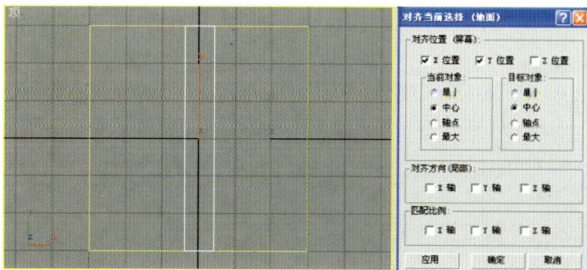

图3-5

3.选择"创建<图形<线"在顶视图绘制一条封闭的线，命名为"水泥路面"（图3-6）。

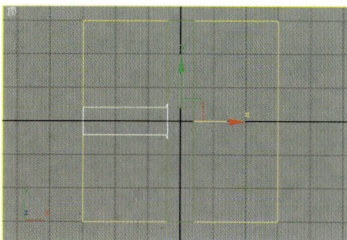

图3-6

4.打开修改面板，在命令堆栈中选择"顶点"层级，在顶视图中选择"水泥路面"上的两个点（图3-7）。

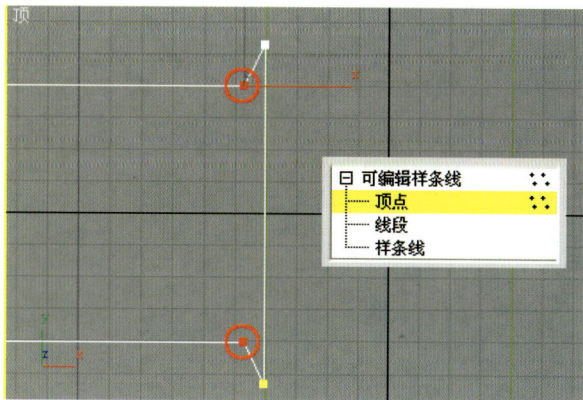

图3-7

5.在"几何体"参数面板中，选择"圆角"命令，然后在所选择的点上拖动鼠标，将点拖动为合适的弧线（图3-8）。

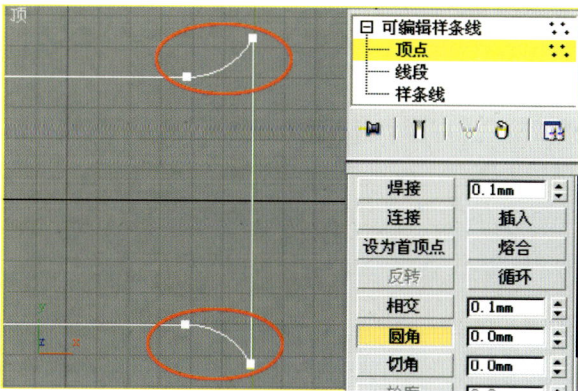

图3-8

6.选择工具栏中的 图标，将"水泥路面"沿X轴进行镜像复制，放置在"柏油路面"的右侧（图3-9）。

7.同时选择"柏油路面"和"水泥路面"，进入修改面板，从修改器列表中选择"挤出"命令，设置挤出的数量为60.0mm（图3-10）。

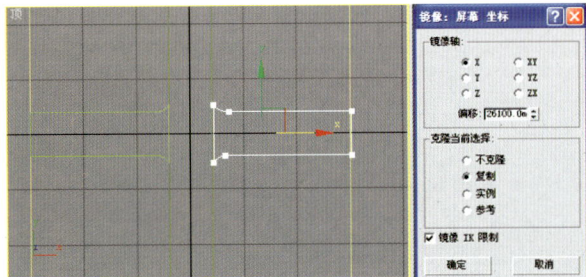

图3-9

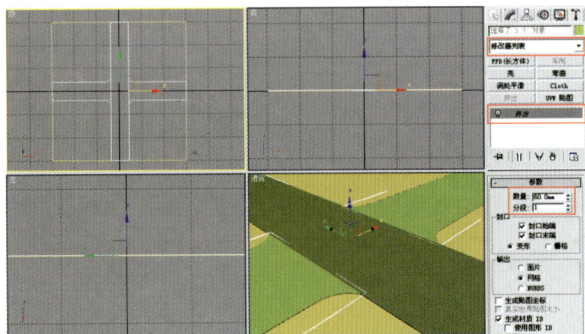

图3-10

8.选择"创建＜图形＜线",在顶视图沿路的外侧绘制一条曲线(图3-11)。

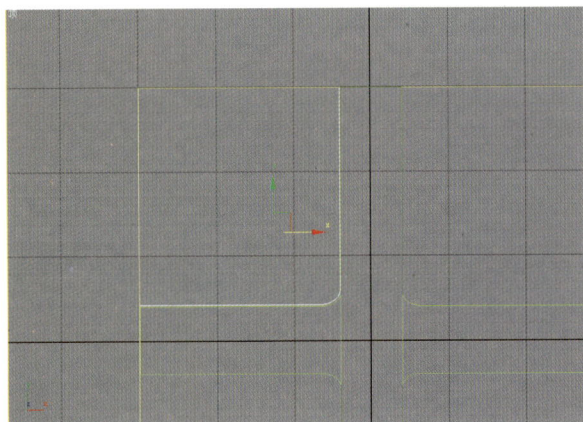

图3-11

9.选择这条曲线,进入修改面板,在命令堆栈中选择"样条线层级",从几何体参数面板中选择"轮廓"命令输入轮廓值为180mm(图3-12)。

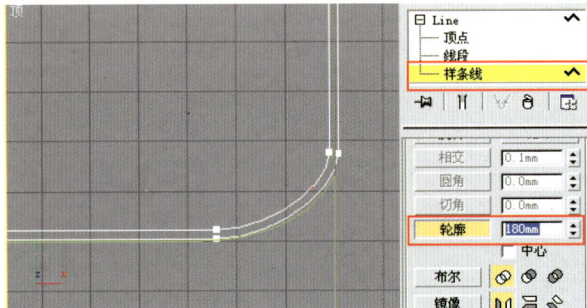

图3-12

10.将这条线命名为"护坡",从修改器列表中选择"挤出"命令,设置挤出的数量为200.0mm(图3-13)。

图3-13

11.重复8～10的步骤,将路面分割的其他三个部分也制作出护坡。最终效果(图3-14)。

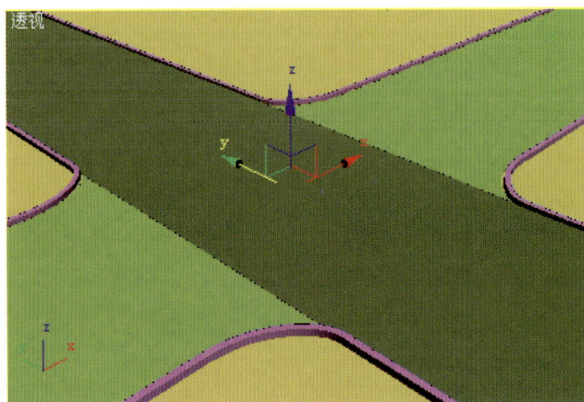

图3-14

二、建立房屋基本框架

1.按下键盘【Ctrl+A】全选场景中的所有模型，单击鼠标右键，选择"冻结当前选择"，将模型冻结（图3-15）。

2.选择"创建<图形<矩形"在顶视图绘制一个边长为9000mm的正方形，使正方形处于选择状态，单击鼠标右键，选择"转换为<转换为可编辑样条线"（图3-16）。

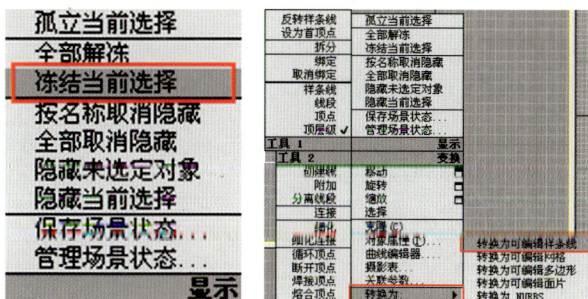

图3-15   图3-16

3.进入修改面板，将其命名为"墙"，在命令堆栈中选择"顶点层级"，选择几何体参数面板中的"优化"命令，在线上添加两个点（图3-17）。

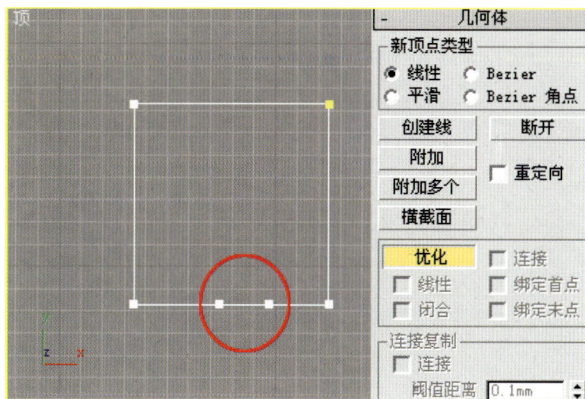

图3-17

4.选择工具栏中的 图标，单击鼠标右键，设置捕捉方式（图3-18）。

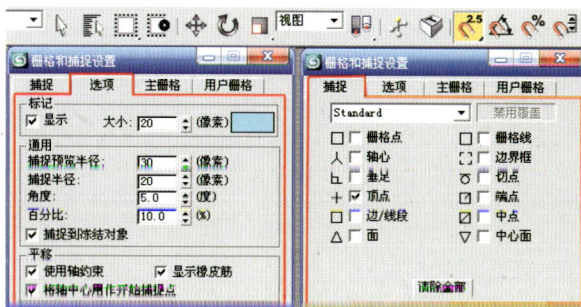

图3-18

5.将新添加的左边的点移到与正方形的一个角点重合（图3-19）。

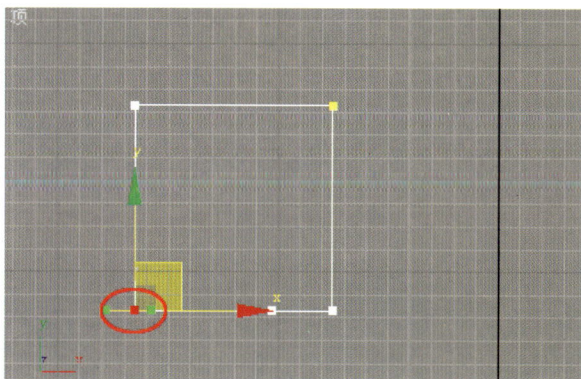

图3-19

6.选择工具栏中的 图标，在其上单击鼠标右键，在X轴方向输入3500mm，这样就确定了两点之间的距离（图3-20）。

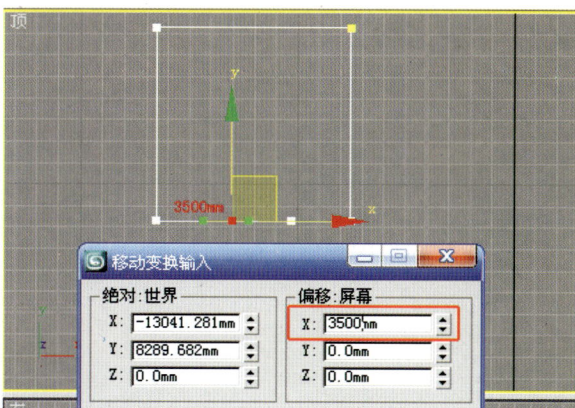

图3-20

7.选择所有的顶点，单击鼠标右键，选择"角点"（图3-21）。

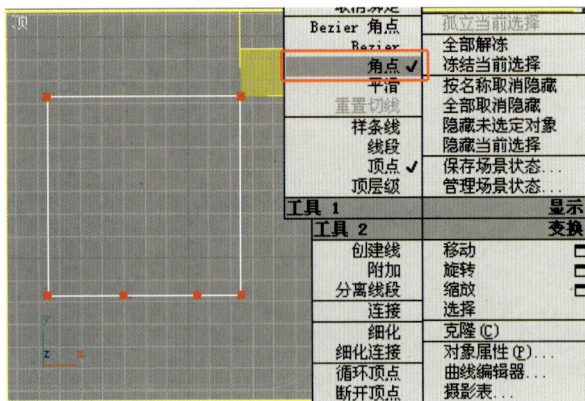

图3-21

8.选择第二个点，在 ✛ 图标上单击鼠标右键，在Y轴方向输入3500mm（图3-22）。

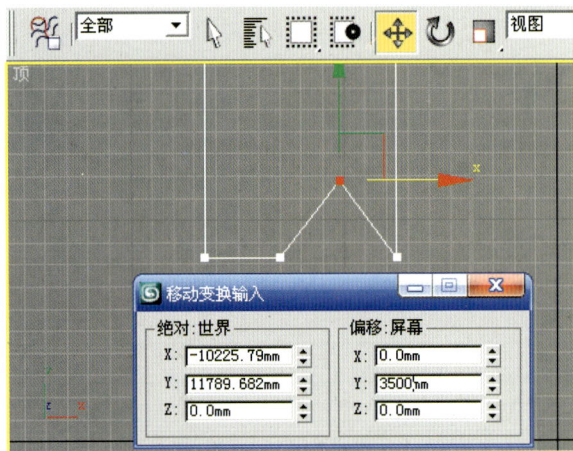

图3-22

9.按下键盘的【F5】键，锁定X轴，将选择的点沿X轴向左移动，同时将鼠标拖动到下面的点上。这样就能将两个点对齐到同一条竖直线上（图3-23）。

10.用同样的方法将另一条边也添加点，在命令堆栈中选择"线段层级"，删除多余的线段，并调整位置（图3-24）。

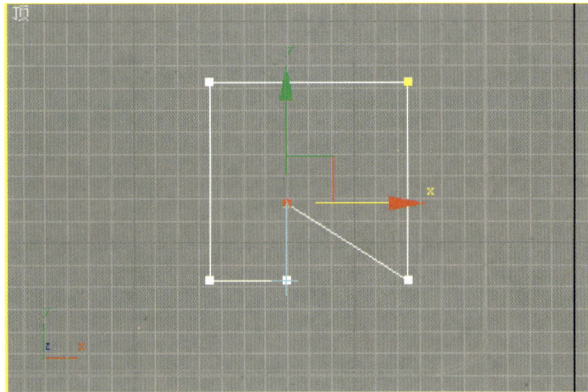

图3-23

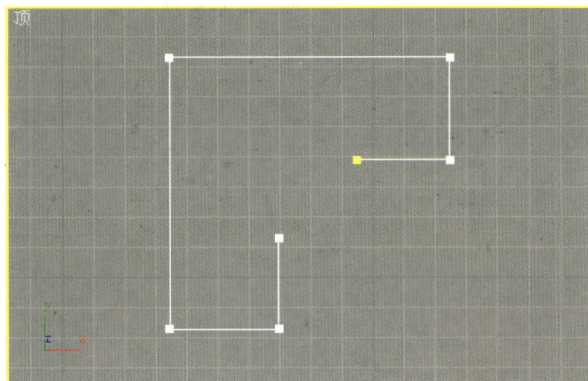

图3-24

11.在命令堆栈中选择"样条线层级"，选择调整好的线段，这时线段呈红色显示。在"几何体"参数面板中选择"轮廓"命令，输入360mm，按下【Enter】键，效果（图3-25）。

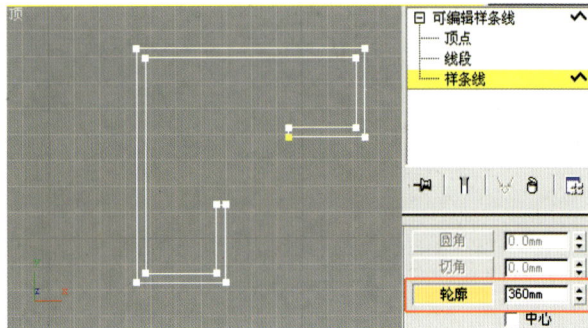

图3-25

12.在"修改器列表"中选择"挤出"命令，输入数值2800mm并调整其位置，效果（图3-26）。

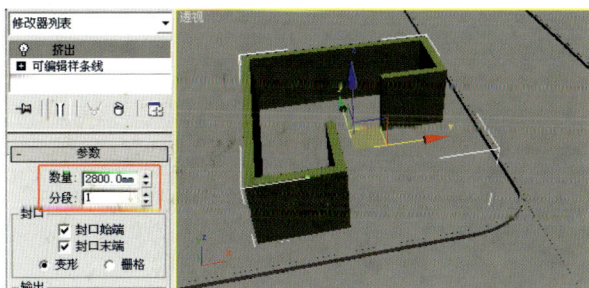
图3-26

13.选择"墙"模型，单击鼠标右键，选择"转化<转化为可编辑多边形"。在命令堆栈中选择"边层级"，在透视图按下【F4】键，打开透视图的线面显示，选择其中的一条竖边，在选择参数面板中，选择"环形"命令（图3-27）。

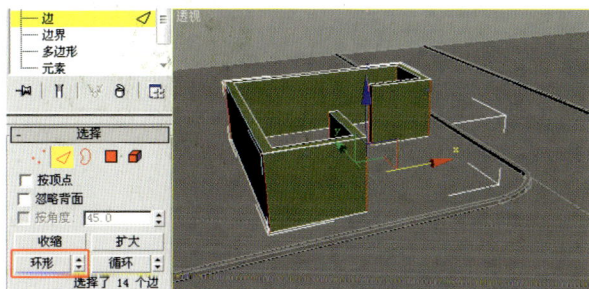
图3-27

14.选择编辑边卷展栏中的"连接"命令右侧的▣图标，打开连接边设置窗口。设置参数（图3-28）。

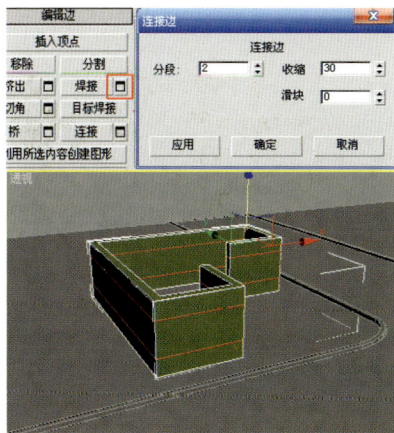
图3-28

15.选择窗户位置的所有横边（图3-29）。

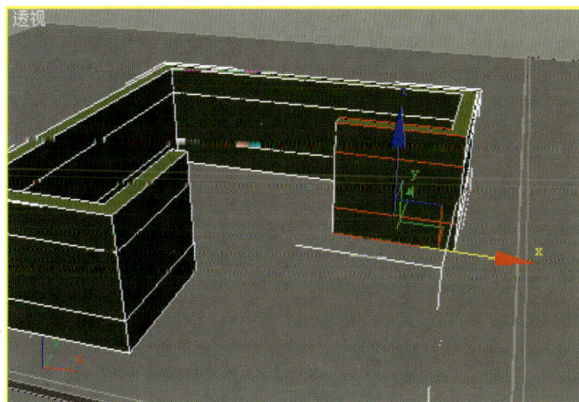
图3-29

16.选择编辑边卷展栏中的"连接"命令右侧的▣图标，打开连接边设置窗口。设置参数（图3-30）。

图3-30

17.激活顶视图，在命令堆栈中选择"顶点层级"，将点对齐（图3-31）。

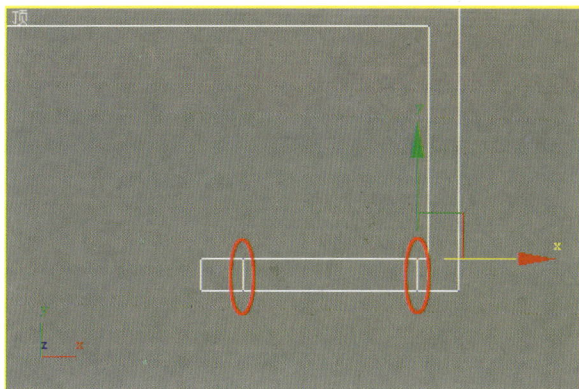
图3-31

18.在命令堆栈中选择"多边形层级"，激活透视图，选择窗口的前后两个面删除（图3-32）。

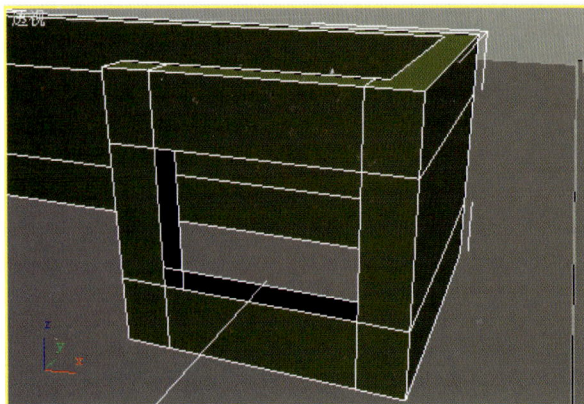

图3-32

19.在命令堆栈中选择"边界层级"，选择窗口的边界，按下编辑边界卷展栏中的"桥"按钮（图3-33）。

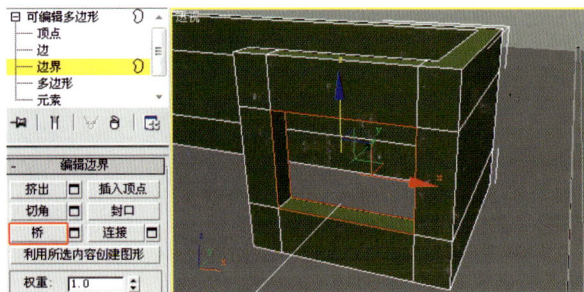

图3-33

20.在命令堆栈中选择"边层级"再次选择窗口位置的所有横边（图3-34）。

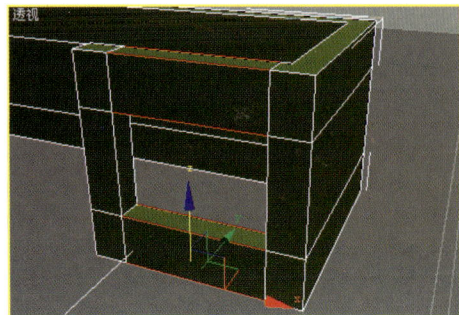

图3-34

21.选择编辑边卷展栏中的"连接"命令右侧的▣图标，打开连接边设置窗口。设置参数（图3-35）。

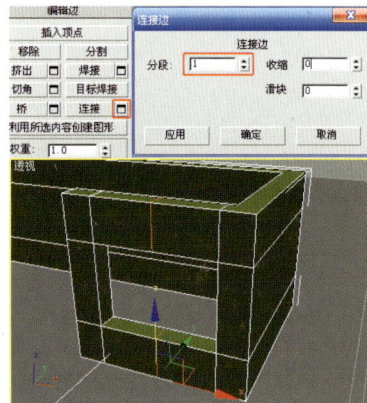

图3-35

22.调整线段的位置（图3-36）。

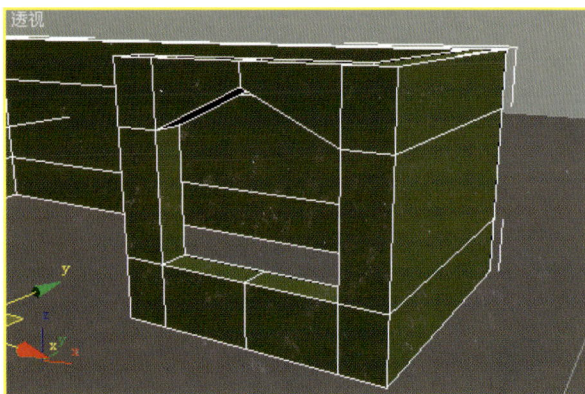

图3-36

23.重复15～22的方法将另外的窗户制作出来（图3-37）。

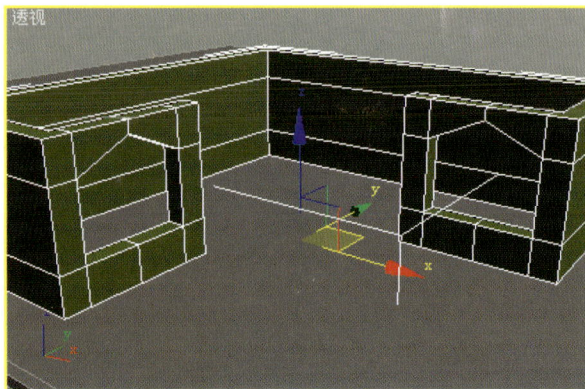

图3-37

24.选择下排所有的竖线（图3-38）。

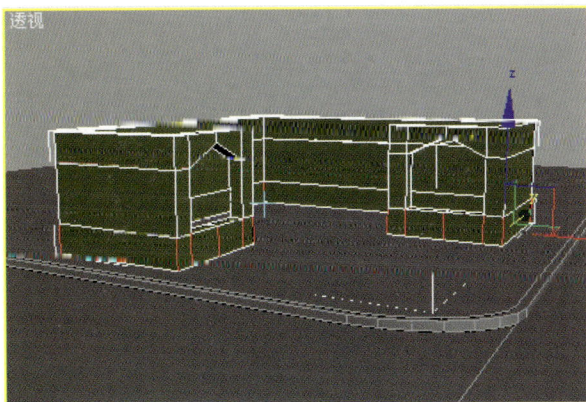

图3-38

25.选择编辑边卷展栏中的"连接"命令右侧的 🔲 图标，打开连接边设置窗口。设置参数（图3-39）。

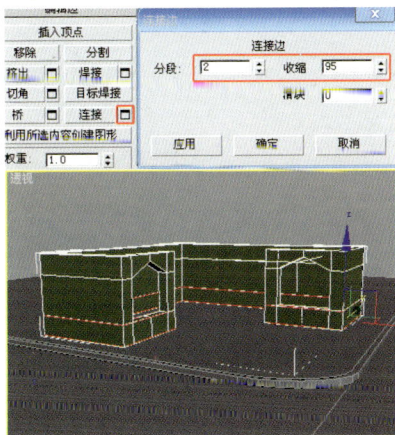

图3-39

26.选择其中一面墙的所有横边,选择编辑边卷展栏中的"连接"命令右侧的 🔲 图标,打开连接边设置窗口。设置参数（图3-40）。

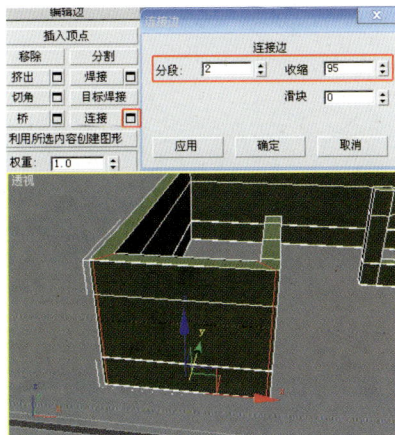

图3-40

27.按26步的方法逐次对剩余的三面墙加入连接边。效果（图3-41）。

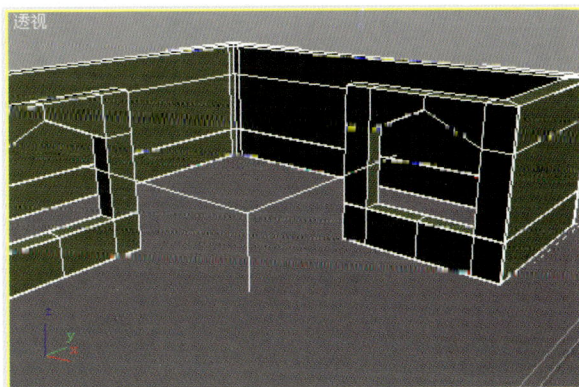

图3-41

28.选择上部的所有竖线（图3-42）。

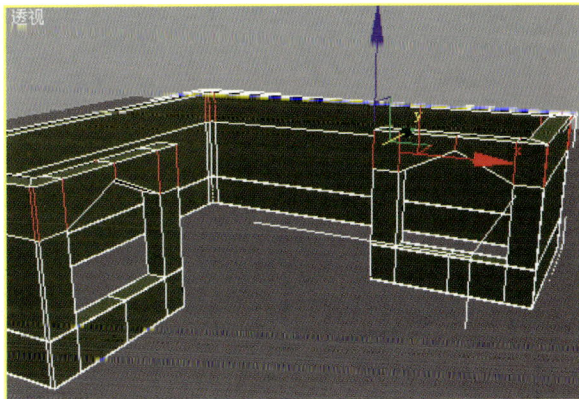

图3-42

29.选择编辑边卷展栏中的"连接"命令右侧的 🔲 图标，打开连接边设置窗口。设置参数（图3-43）。

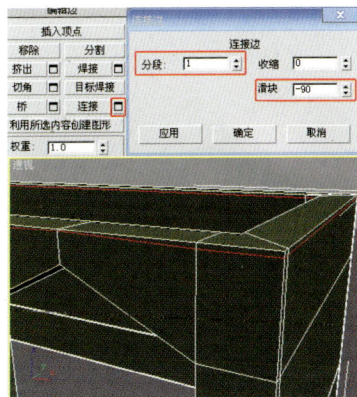

图3-43

30.选择窗洞两侧的所有竖边（图3-44）。

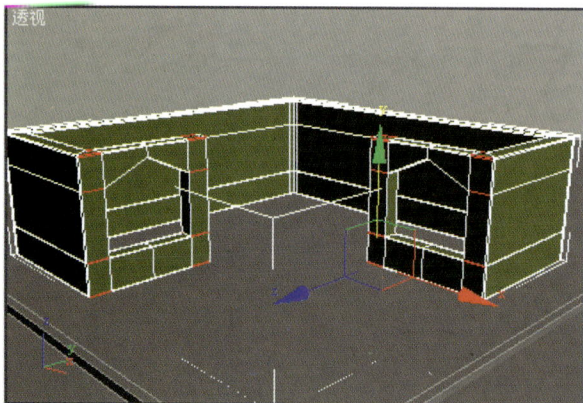

图3-44

31.选择编辑边卷展栏中的"连接"命令右侧的 ■ 图标，打开连接边设置窗口。设置参数（图3-45）。

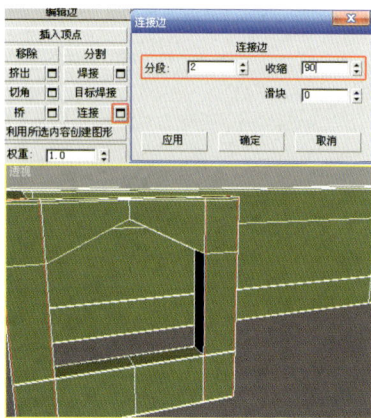

图3-45

32.选择中部的所有竖边，选择编辑边卷展栏中的"连接"命令右侧的 ■ 图标，打开连接边设置窗口。设置参数（图3-46）。

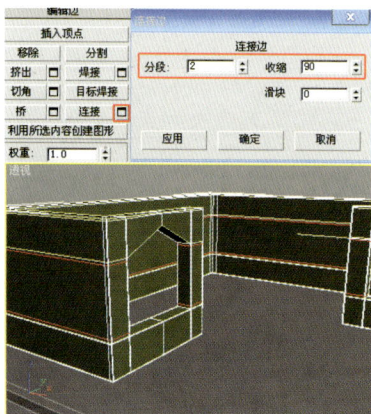

图3-46

33.选择墙体和窗洞截面上的所有边（图3-47）。

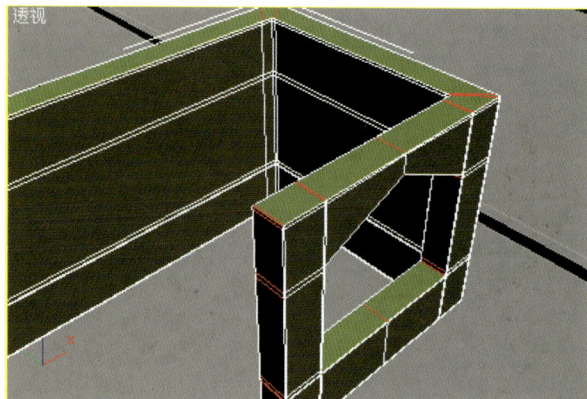

图3-47

34.选择编辑边卷展栏中的"连接"命令右侧的 ■ 图标，打开连接边设置窗口。设置参数（图3-48）。

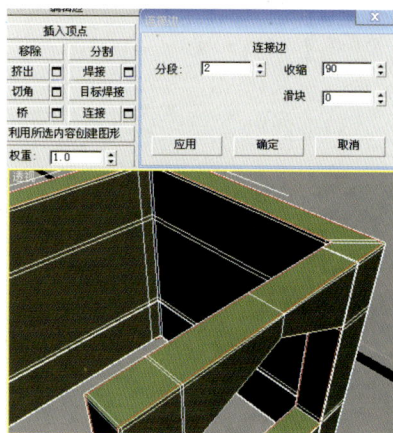

图3-48

35.从"修改列表"中加入"涡轮平滑"效果（图3-49）。

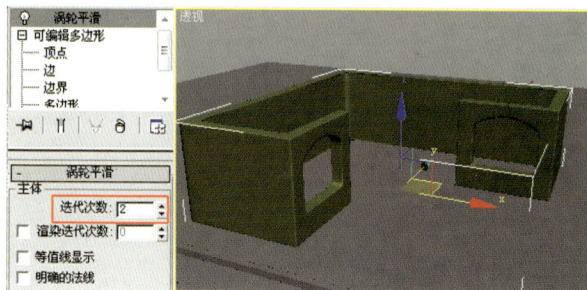

图3-49

三、制作窗框和玻璃

1.激活左视图,选择"创建<图形<线",沿窗口绘制一条封闭曲线,命名为"玻璃"(图3-50)。

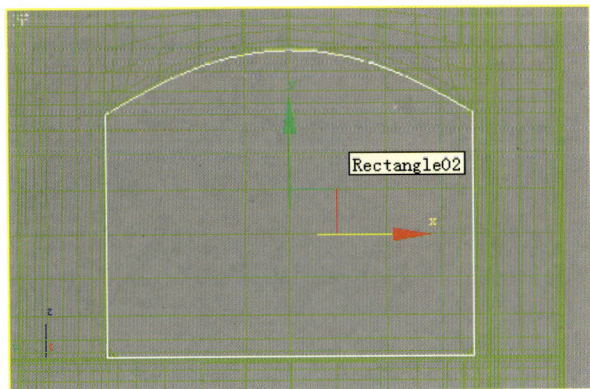

图3-50

2.在工具栏选择 ✛ 图标,按下【shift】键,同时在曲线上单击鼠标左键。弹出复制对话框,将复制的曲线命名为"窗框"。设置(图3-51)。

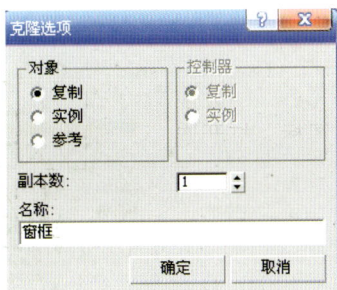

图3-51

3.单击鼠标右键,选择"隐藏未选定对象"。进入修改面板,选择命令堆栈中的样条线层级。按下"轮廓"命令,在其后的数值框中输入-80(图3-52)。

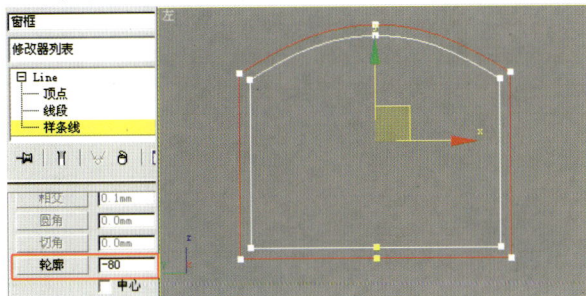

图3-52

4.选择"创建<图形<矩形",在左视图绘制一个矩形,放置(图3-53)。

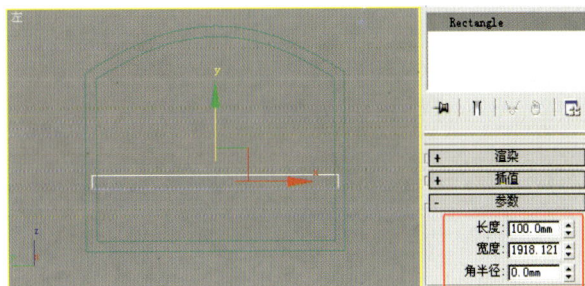

图3-53

5.向上复制一个矩形,调整位置(图3-54)。

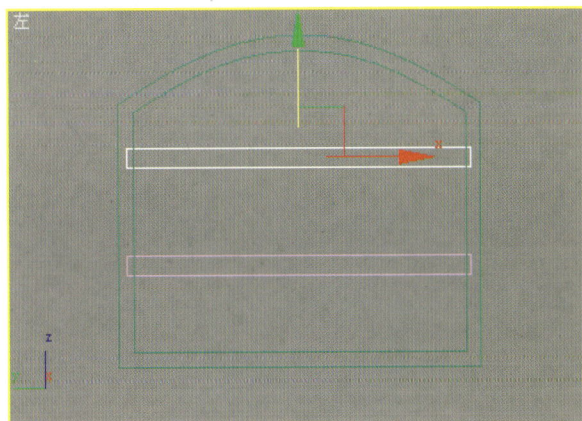

图3-54

6.将矩形围绕Z轴旋转90度,复制一个新的矩形,对齐到"窗框"的中心(图3-55)。

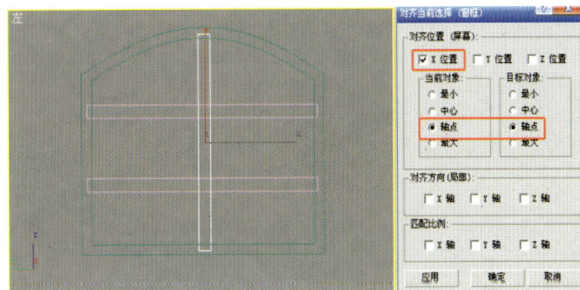

图3-55

7.将矩形复制两个,调整位置(图3-56)。

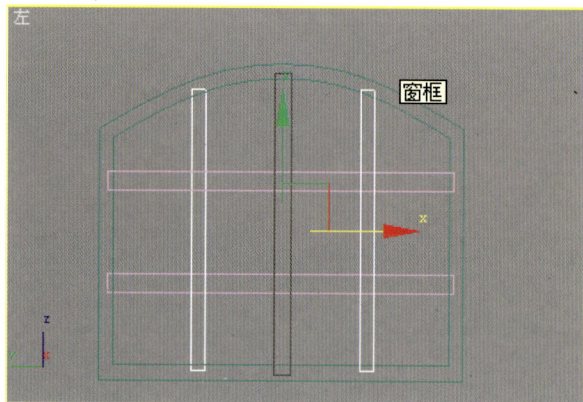

图3-56

8.选择图形"窗框",在几何体卷展栏中选择"附加"命令,逐次选择所有矩形,将所有图形附加到一起（图3-57）。

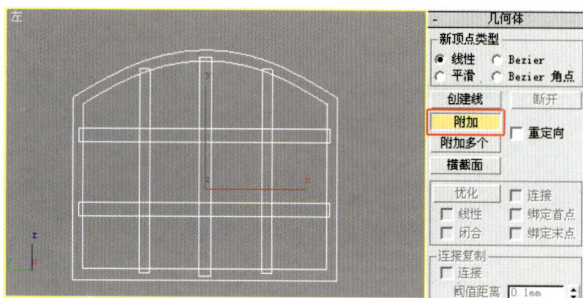

图3-57

9.进入命令堆栈中,选择样条线层级。选择卷展栏中的"修剪"命令,逐次选择要修剪的部分,效果（图3-58）。

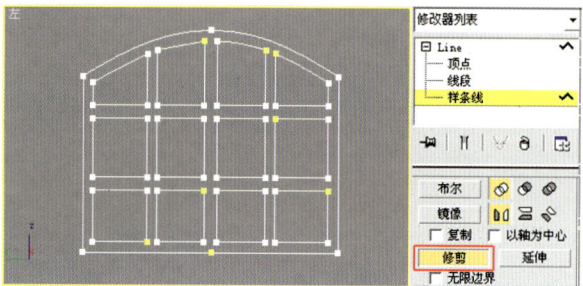

图3-58

10.进入命令堆栈中,选择顶点层级。选择卷展栏中的焊接命令,把重合在一起的点焊接起来（图3-59）。

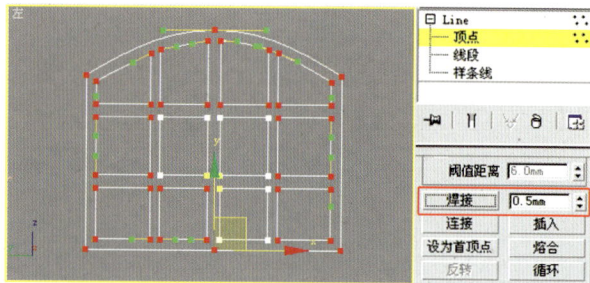

图3-59

11.从修改列表中加入"倒角"命令。设置参数（图3-60）。

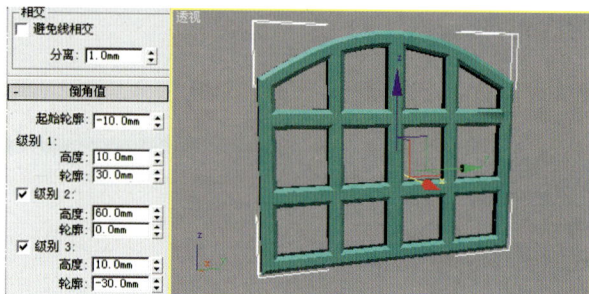

图3-60

12.单击鼠标右键,选择"取消所有隐藏"。按下键盘的【F】键,弹出"选择对象"对话框,从中选择"玻璃"物体（图3-61）。

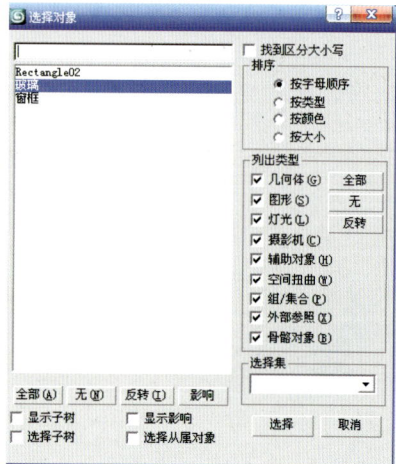

图3-61

13.从修改列表中加入"挤出"命令，设置（图3-62）。

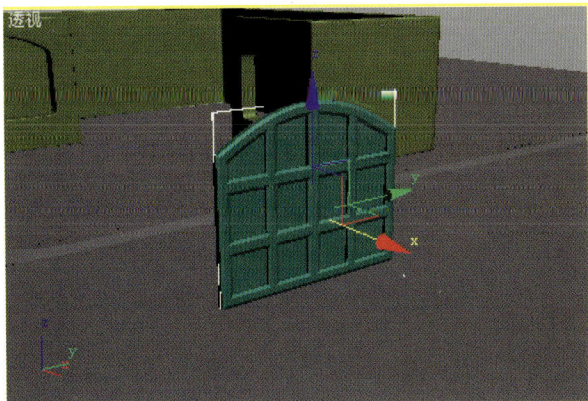
图3-62

14.同时选择"窗框"和"玻璃"。按下工具栏中的角度捕捉工具，选择旋转工具，按下键盘的【Shift】键，同时在顶视图围绕Z轴旋转90°，弹出克隆选项对话框，设置（图3-63）。

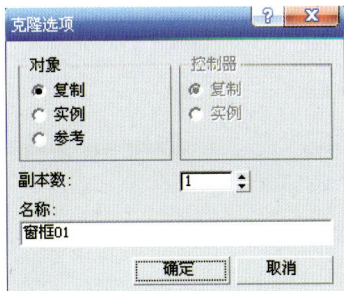
图3-63

15.调整"窗框"和"玻璃"的位置（图3-64）。

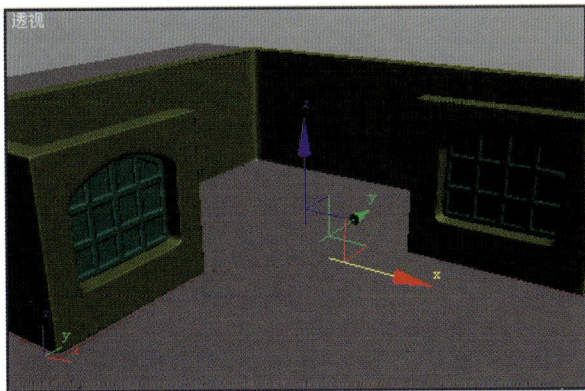
图3-64

16.选择"创建<图形<线"，在顶视图沿墙壁绘制一条封闭曲线（图3-65）。

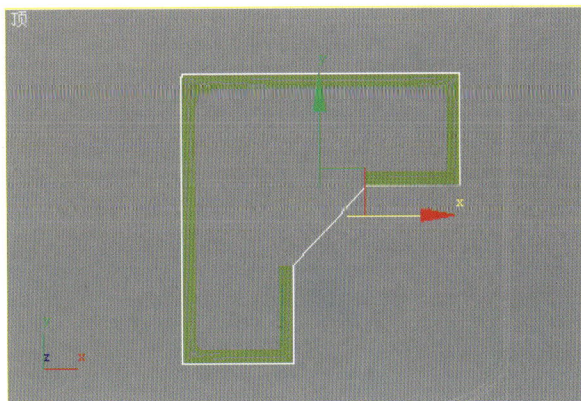
图3-65

17.从修改列表中加入"挤出"命令，输入数值100.0mm，命名为"房顶"，调整位置（图3-66）。

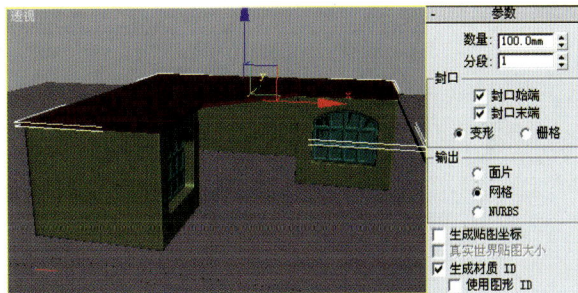
图3-66

四、利用编辑多边形制作柱子

1.选择"创建<几何体<立方体"在顶视图绘制一个长400.0mm、宽400.0mm、高550.0mm的立方体（图3-67）。

2.单击鼠标右键选择"转换<转换为可编辑多边形"，进入修改面板，进入命令堆栈中的多边形层级。选择上部的面，按下编辑多边形卷展栏"倒角"命令右侧的设置按钮，设置高度为80.0mm，轮廓量为-38.0mm（图3-68）。

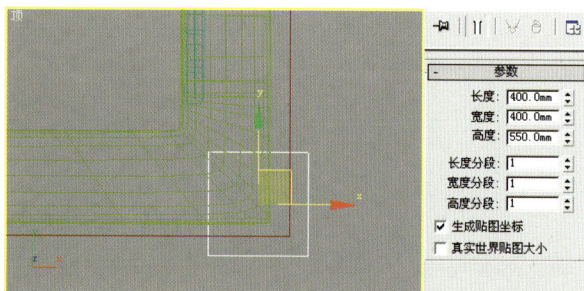

图3-67

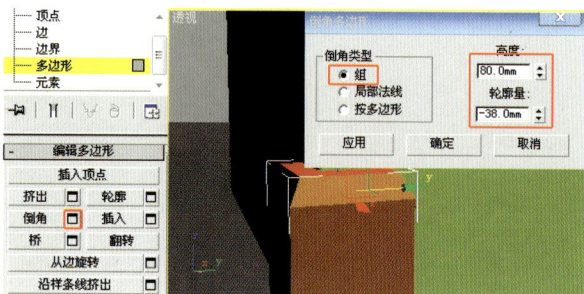

图3-68

3.按下编辑多边形卷展栏"挤出"命令右侧的设置按钮，设置挤出高度为2800.0mm（图3-69）。

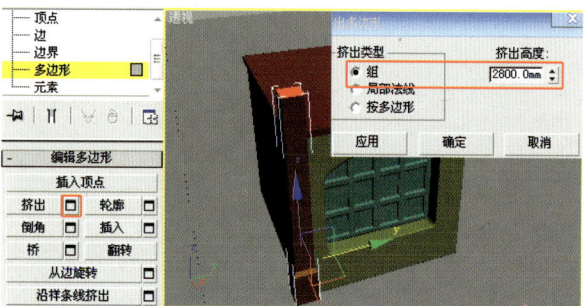

图3-69

4.按下编辑多边形卷展栏"倒角"命令右侧的设置按钮，设置高度为0.0mm，轮廓量为38.0mm（图3-70）。

5.按下编辑多边形卷展栏"挤出"命令右侧的设置按钮，设置挤出高度为80.0mm（图3-71）。

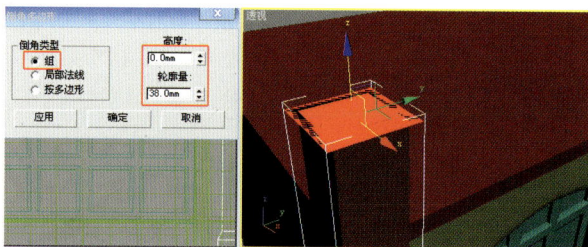

图3-70

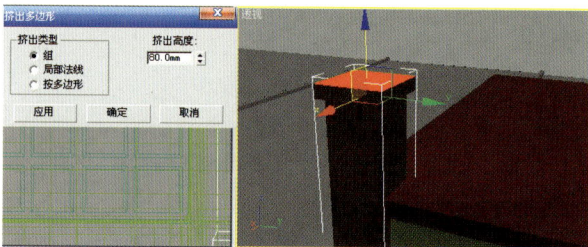

图3-71

6.按下编辑多边形卷展栏"倒角"命令右侧的设置按钮，设置高度为90.0mm，轮廓量为-165.0mm（图3-72）。

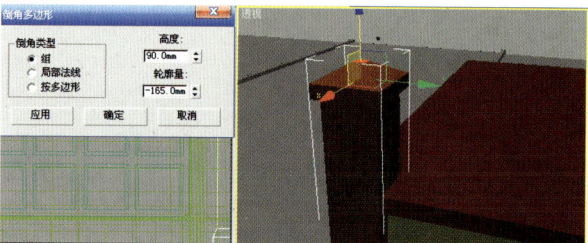

图3-72

7.按下编辑多边形卷展栏"挤出"命令右侧的设置按钮，设置挤出高度为80.0mm（图3-73）。

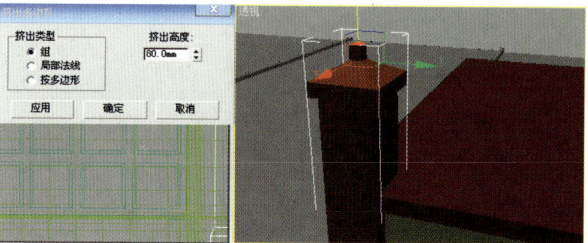

图3-73

8.进入命令堆栈中的边层级,选择中部的线(图3-74)。

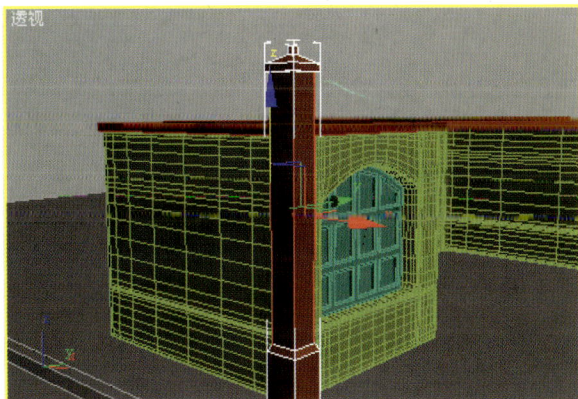
图3-74

9.按下编辑边卷展栏中"连接"命令右侧的设置按钮▣,弹出连接边对话框,设置(图3-75)。

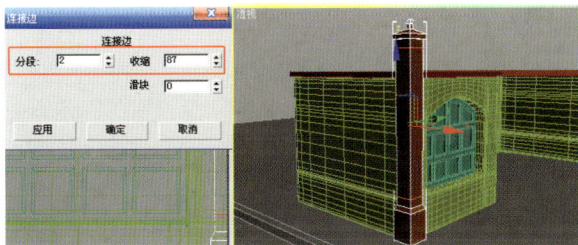
图3-75

10.分别选择所有的横边,按下编辑边卷展栏中"连接"命令右侧的设置按钮▣,弹出连接边对话框,设置(图3-76)。

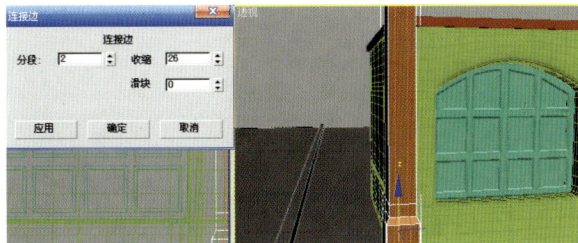
图3-76

11.进入命令堆栈中多边形层级,选择中间部分的四个面。按下编辑多边形卷展栏中"挤出"命令右侧

的设置按钮▣,弹出挤出多边形对话框,设置挤出高度为-30.0mm(图3-77)。

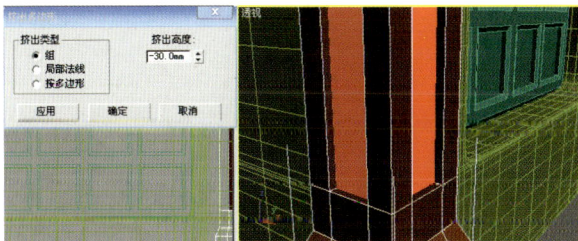
图3-77

12.采用实例复制方式,复制出三个柱子,调整柱子的位置(图3-78)。

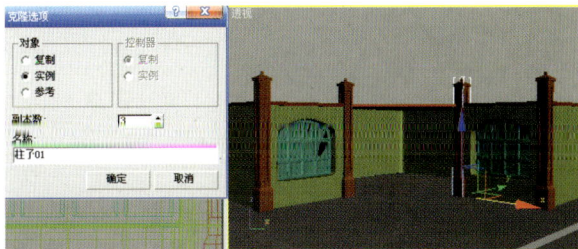
图3-78

五、制作前墙和瓦顶

1.选择"创建<辅助对象<卷尺",测量一下门前两个柱子之间的距离,可以看到是3692.9mm(图3-79)。

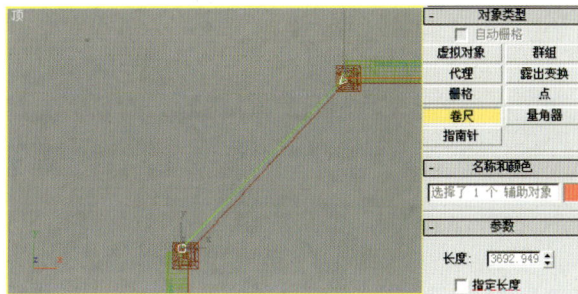
图3-79

2.在前视图绘制两个矩形,其中外面的矩形宽度为3692.9mm,里面的矩形宽度为2492mm。调整两

个矩形的位置，并将两个矩形合并起来，命名为"前墙"（图3-80）。

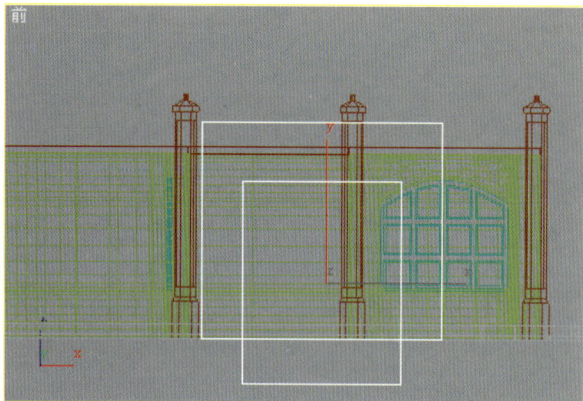

图3-80

3.进入命令堆栈中的样条线层级，选择外面的线（图3-81）。

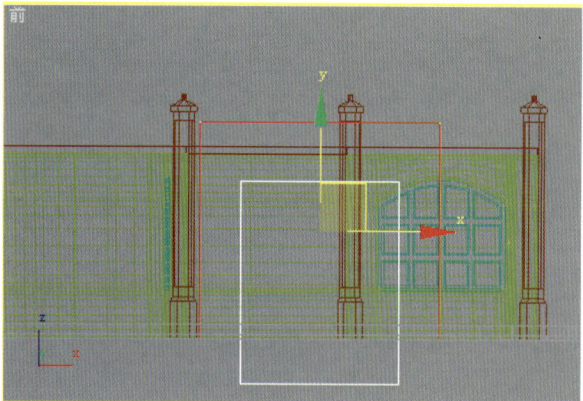

图3-81

4.在几何体卷展栏中按下"布尔"按钮，选择相减方式。选择内部的矩形，制作出门的造型（图3-82）。

5.进入命令堆栈中的线段层级，选择最上面的线段，按下几何体卷展栏中的"拆分"按钮。这样会在线段的正中间添加一个点（图3-83）。

6.进入命令堆栈中的顶点层级，将点移到（图3-84）的位置。

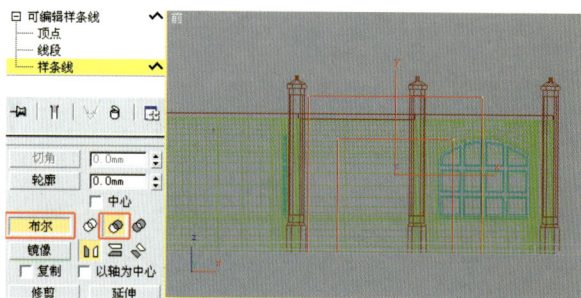

图3-82

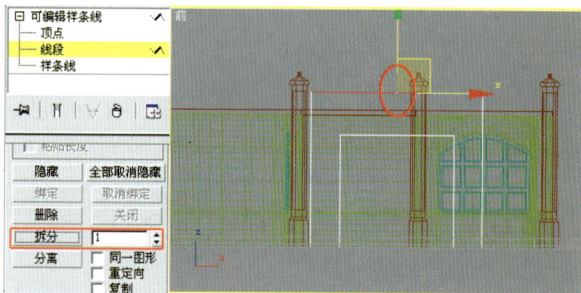

图3-83

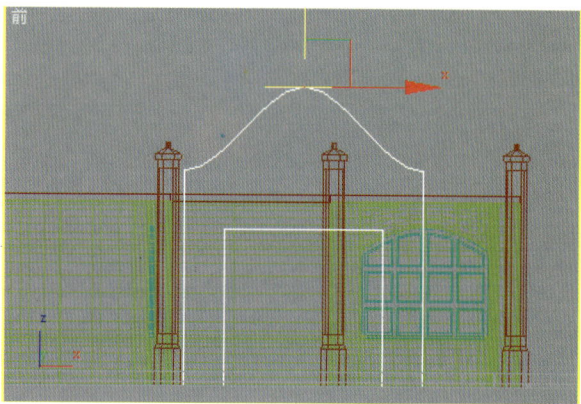

图3-84

7.从修改列表中加入"挤出"命令，设置挤出的数量为360.0mm（图3-85）。

8.选择"创建图形文本"，在前视图输入文本CASA DELLA TURES，设置字体大小为306.622mm（图3-86）。

9.从修改器列表中加入"倒角"命令，参数设置（图3-87）。

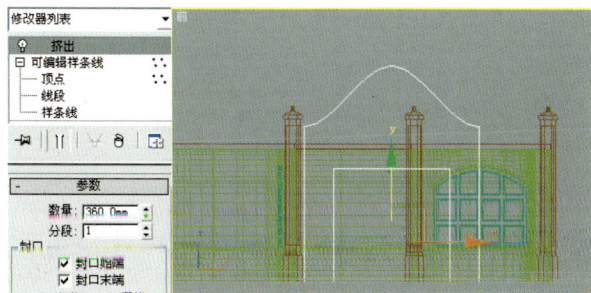

图3-85

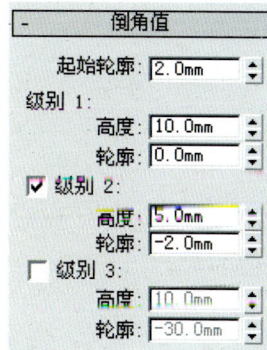

图3-86

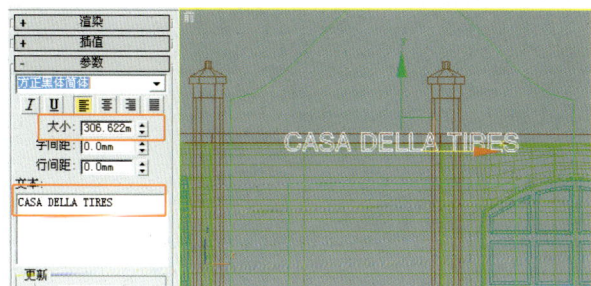

图3-87

10.选择"创建<图形<线",在前视图绘制出标志（图3-88）。

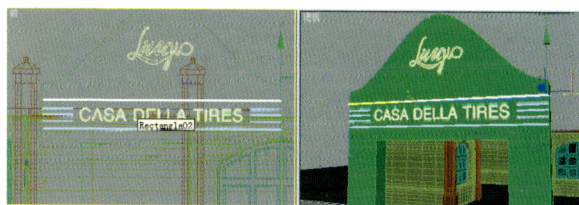

图3-88

11.从修器面板中加入"倒角"命令，参数设置（图3-89）。

图3-89

12.选择"创建<几何体<圆柱"，在左视图绘制半径为10mm的圆柱，调整圆柱的位置和长度（图3-90）。

图3-90

13.激活顶视图，同时选择"前墙"和文字标志。选择工具栏中的旋转工具，在其上单击鼠标右键，弹出旋转变换输入对话框。在Z轴输入45，并调整至门口的位置。效果（图3-91）。

图3-91

14.选择"创建<几何体<圆管"，在前视图绘制一个圆管，参数设置（图3-92）。

15.从修改器列表中加入"涡轮平滑"命令，设置迭代次数为2（图3-93）。

图3-92

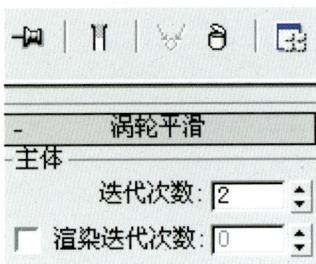

图3-93

16.将圆管复制或旋转，调整位置（图3-94）。

图3-94

17.选择"创建<图形<线"，在前视图绘制一条曲线（图3-95）。

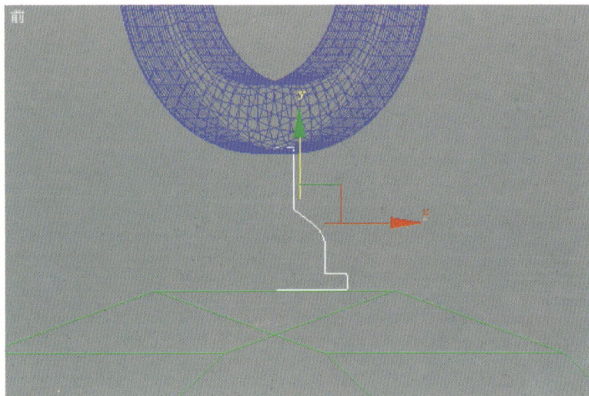

图3-95

18.从修改器列表中加入"车削"命令。采用"最小"对齐方式，调整位置到前墙的顶端（图3-96）。

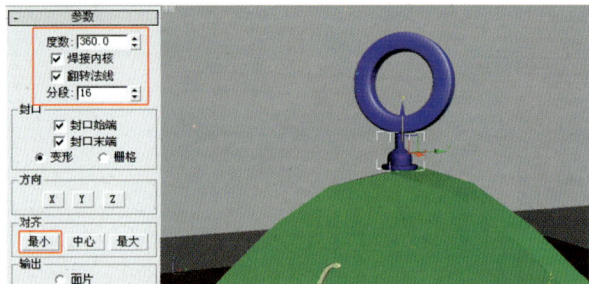

图3-96

19.选择"创建<图形<线"，在左视图绘制一条封闭的曲线，命名为"屋檐"（图3-97）。

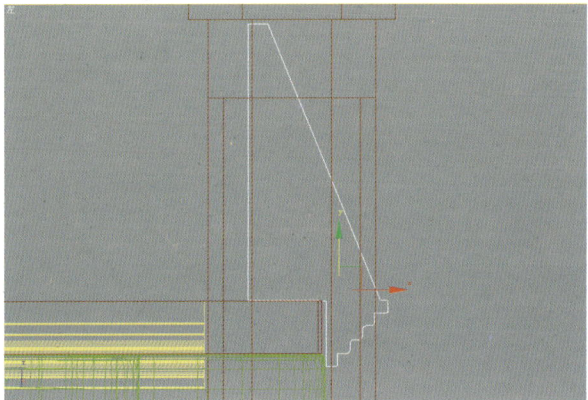

图3-97

20.从修改器列表中加入"挤出"命令，挤出数量可以自行输入。将挤出的房檐转换为可编辑多边形，通过对点的调整，以使房檐适应墙体宽度。将房檐复制和旋转，调整到（图3-98）的位置。

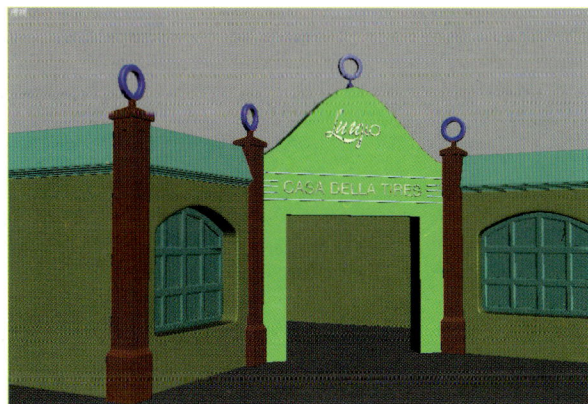

图3-98

21.选择"创建<图形<线"，在前视图绘制一条曲线，进入修改面板将其命名为"瓦"，选择命令堆栈中的样条线层级，选择绘制的曲线，按下参数面板中的"轮廓"按钮，设置数值为20，这样就形成了一条封闭的曲线（图3-99）。

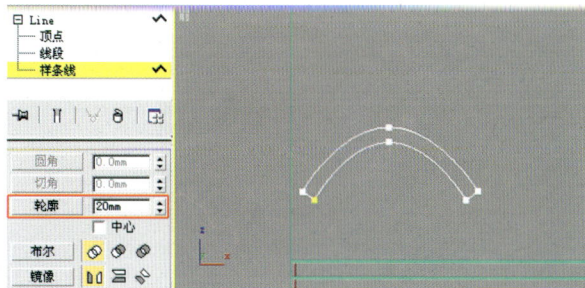

图3-99

22.从修改器列表中加入"挤出"命令，设置挤出数量为250.0mm，效果（图3-100）。

23.将制作出的瓦旋转，调整到和屋檐一样的斜度，并且复制，将所有的瓦群组。效果（图3-101）。

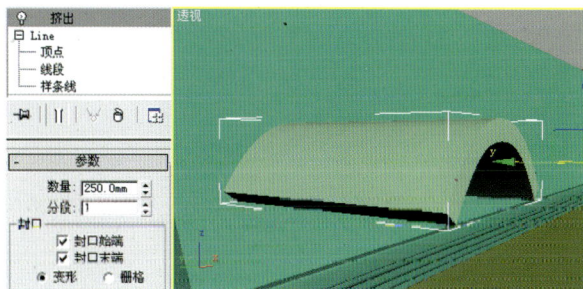

图3-100

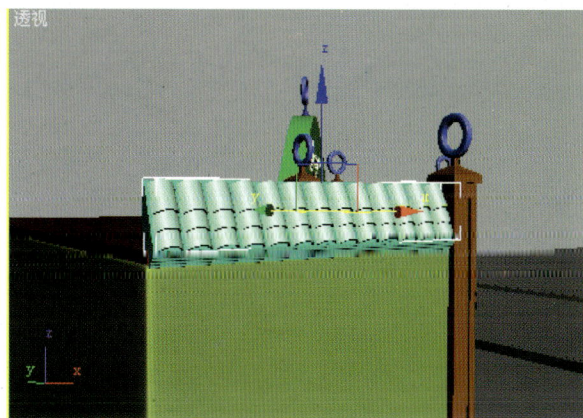

图3-101

24.激活透视图，按下工具栏中的镜像图标，弹出镜像窗口，沿进Y轴镜像（图3-102）。

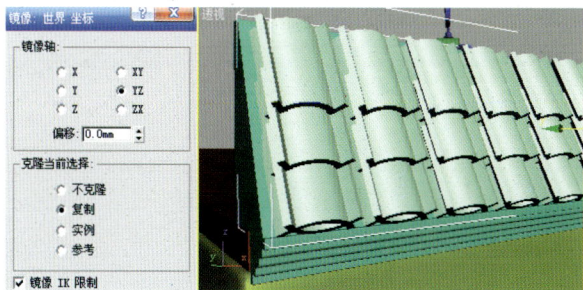

图3-102

25.调整下层瓦的位置（图3-103）。

26.用同样的方法制作出屋脊上的瓦，并将瓦复制到其他屋檐处，最终效果（图3-104）。

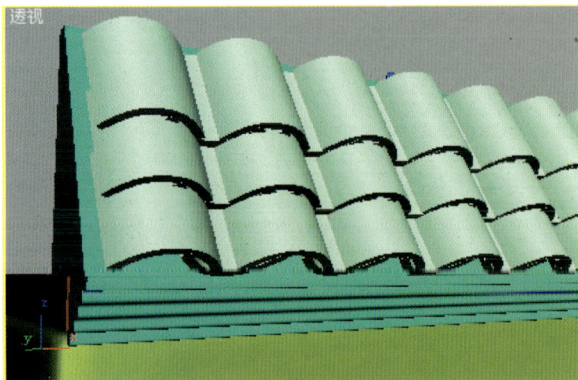

图3-103

图3-104

六、制作遮阳篷和路灯

1.选择"创建<几何体<平面",在顶视图绘制一个平面,命名为"遮阳篷",参数设置(图3-105)。

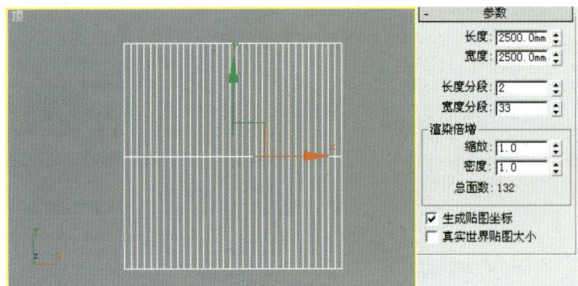

图3-105

2.单击鼠标右键,选择"转换<转换为可编辑多边形",进入命令堆栈中点层级,调整点的位置(图3-106)。

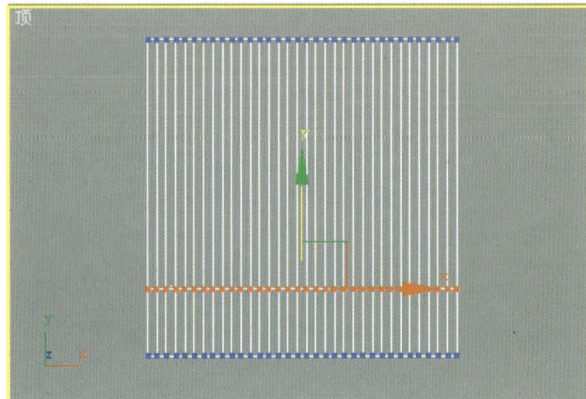

图3-106

3.继续调整点的位置,进入命令堆栈中边层级,选择所有竖边(图3-107)。

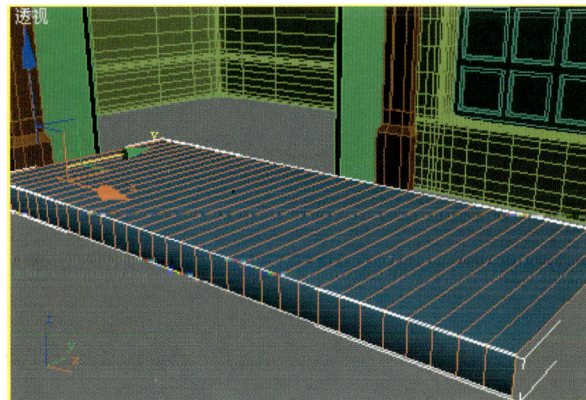

图3-107

4.在参数面板中按下"连接"命令右侧的设置按钮▣,弹出连接边对话框,设置分段数为2(图3-108)。

5.选择点,调整点的位置(图3-109)。

6.进入命令堆栈中边层级,隔一条边选择一条边,按下参数面板中"切角"命令右侧的按钮▣,弹出切角边对话框。参数设置(图3-110)。

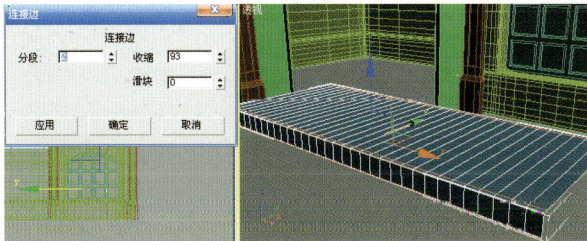
图3-108

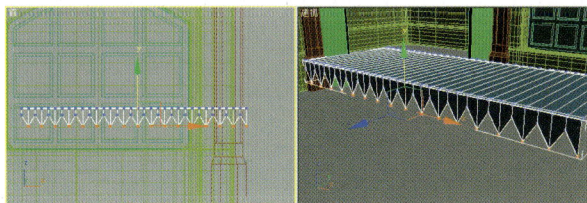
图3-109

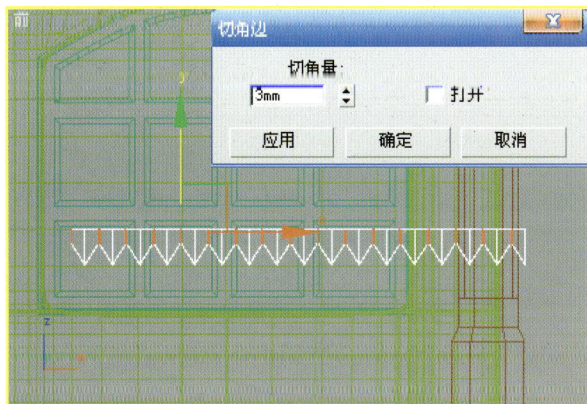
图3-110

7.进入命令堆栈中的点层级，调整点的位置（图3-111）。

图3-111

8.从修改器列表中加入"涡轮平滑"命令，设置迭代次数为2，效果（图3-112）。

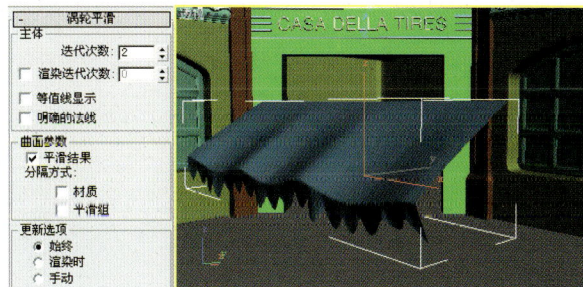
图3-112

9.激活左视图，选择"创建<图形<线"，绘制一条曲线，命名为"遮阳篷架"（图3-113）。

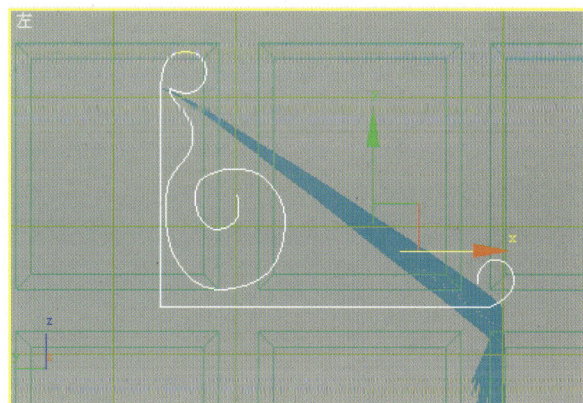
图3-113

10.激活顶视图，选择"创建图形矩形"，绘制一个长40.0mm，宽25.0mm，圆角半径为3.0mm的矩形（图3-114）。

图3-114

11.选择遮阳篷架，选择"创建<几何体<复合对象<放样"，按下"获取图形"按钮。拾取圆角矩形（图3-115）。

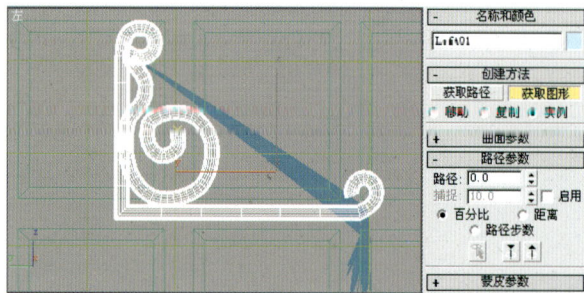

图3-115

12.复制一个遮阳篷架放置在遮阳篷的另一端，效果（图3-116）。

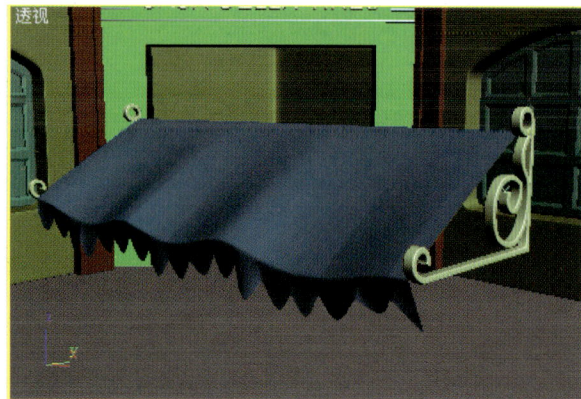

图3-116

13.将遮阳篷和遮阳篷架同时选中，旋转45度，放置到大门上面的位置（图3-117）。

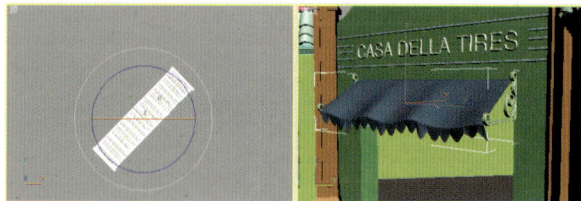

图3-117

14.选择"创建<图形<线"，在前视图绘制一条曲线，命名为"路灯"，效果（图3-118）。

图3-118

15.从修改器列表中加入"车削"命令，采用最小对齐方式，参数设置（图3-119）。

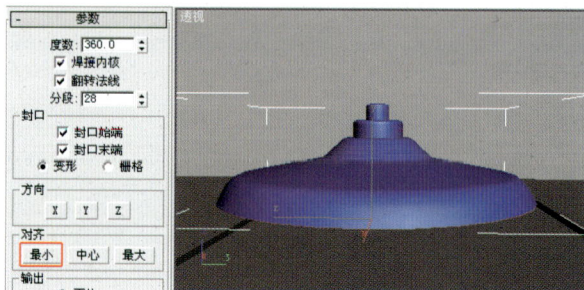

图3-119

16.在左视图绘制一条曲线，绘制一个半径为8.0mm的圆形，效果（图3-120）。

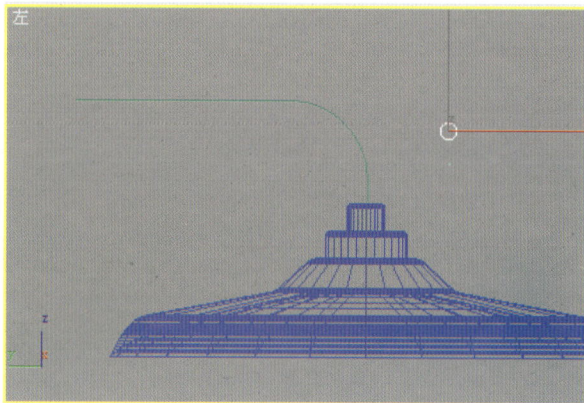

图3-120

17.使曲线处于选择状态，选择"创建<几何体<复合对象<放样"，按下"获取图形"按钮，拾取圆形，放样出路灯的支撑杆，效果（图3-121）。

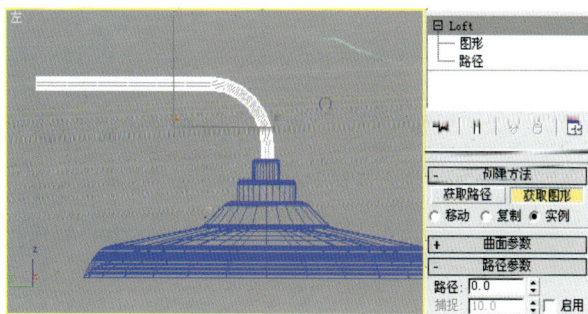

图3-121

18.按下变形卷展栏中的缩放按钮，弹出缩放变形对话框，应用工具，在曲线上加两个点，调整到（图3-122）的形状。

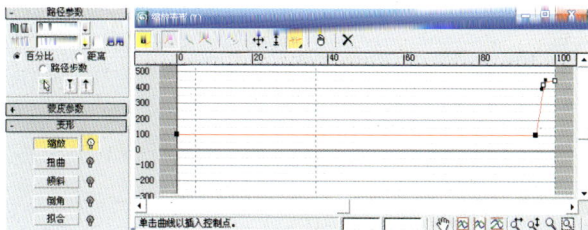

图3-122

19.调整后的效果（图3-123）。

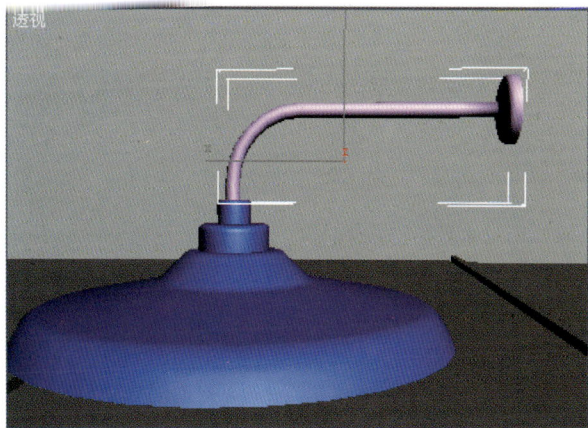

图3-123

20.将灯复制一个，分别放到两个窗户的上方，效果（图3-124）。选择菜单栏中"文件<保存"命令，将文件保存为"场景"。

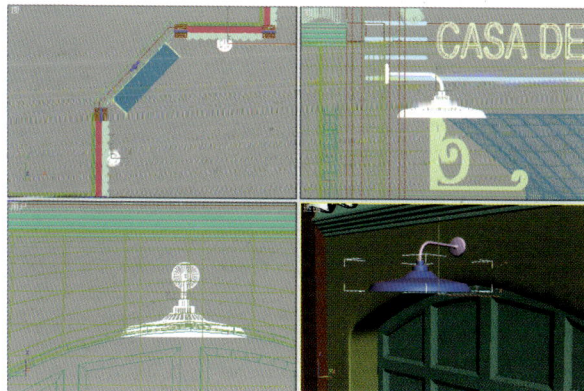

图3-124

七、制作茯和轮胎

1.选择菜单栏中"文件<新建"命令，新建一个文件。"创建<几何体<长方体"，在前视图绘制一个长度×宽度×高度（5.0mm×10.0mm×0.4mm），长度分段×宽度分段×高度分段（4×5×2）的立方体，参数设置（图3-125）。

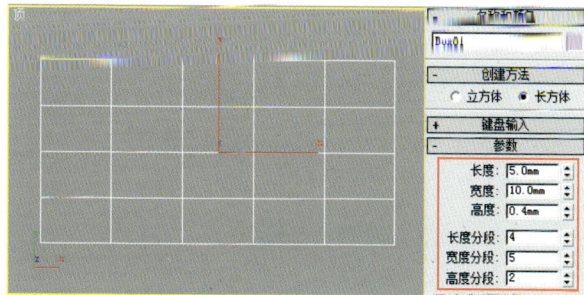

图3-125

2.单击鼠标右键，选择"转换为<转换为可编辑多边形"，进入修改面板命令堆栈中的点层级，在顶视图中调整各点的位置（图3-126）。

3.激活前视图，选择中间所有的点，鼠标右键单击"缩放"按钮，在弹出的对话框中输入"102"（图3-127）。

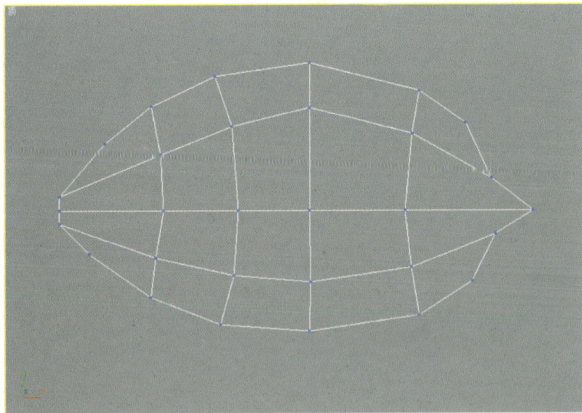

图3-126

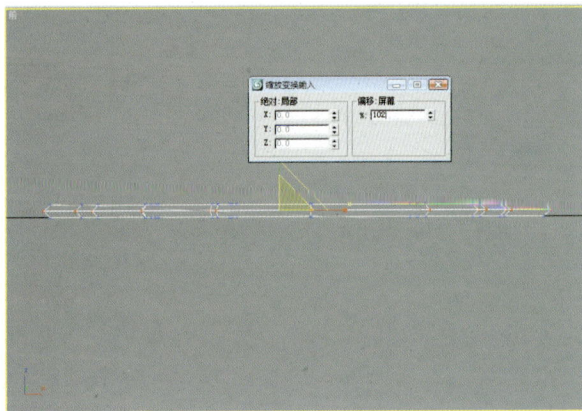

图3-127

4.激活透视图，调整各点的位置，如果有几何体的控制点塌陷入几何体内部，可以按键盘上的快捷键【Alt+x】使物体透明（图3-128）。

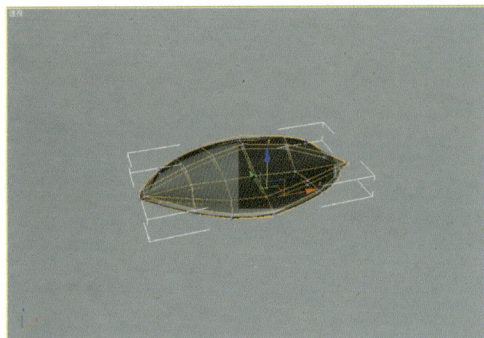

图3-128

5.叶片形状调整完成后，从修改器列表中加入网格平滑命令（图3-129）。

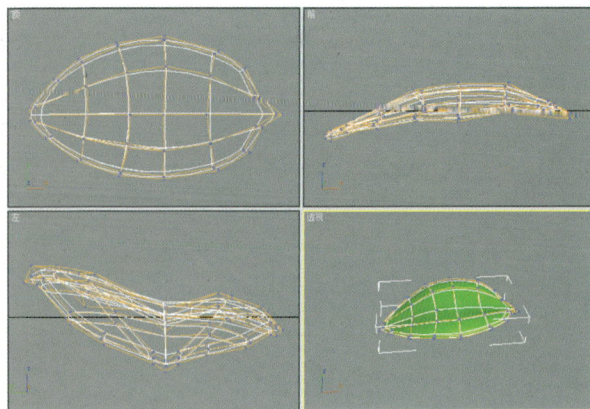

图3-129

6.在命令堆栈中选择"多边形"层级，选取（图3-130）的位置。

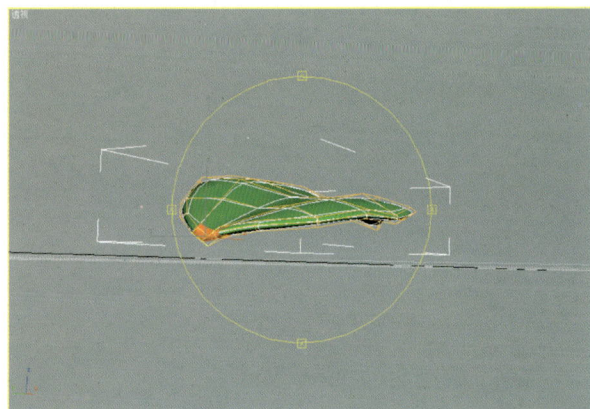

图3-130

7.在参数面板中按下挤出按钮，设置挤出高度为1.0mm（图3-131）。

8.选择"创建<几何体<球体"，在顶视图绘制一个半径为3.0mm，分段为40，半球为0.5的半球。激活前视图，在工具栏中选择缩放工具，并在其上单击鼠标右键，弹出缩放变换输入对话框，在"Z"轴方向缩小到60%（图3-132）。

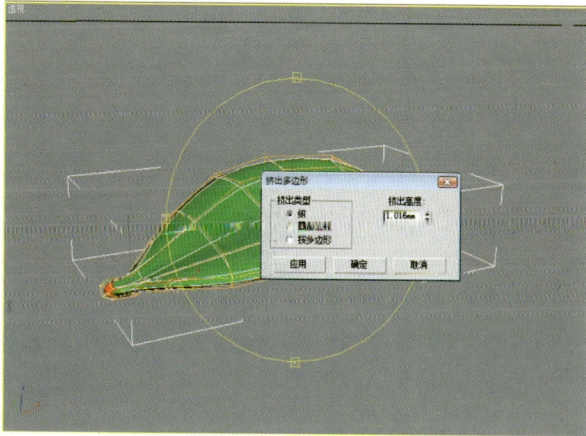

图3-131

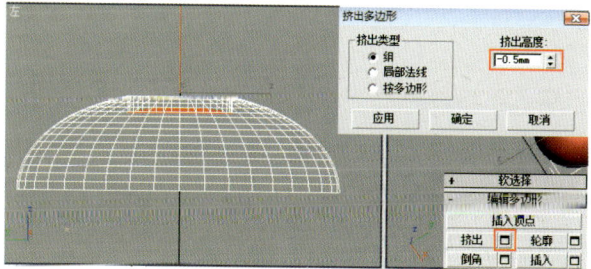

图3-132

9.单击鼠标右键,选择"转换为<转换为可编辑多边形",在命令堆栈中进入多边形层级选取(图3-133)区域。

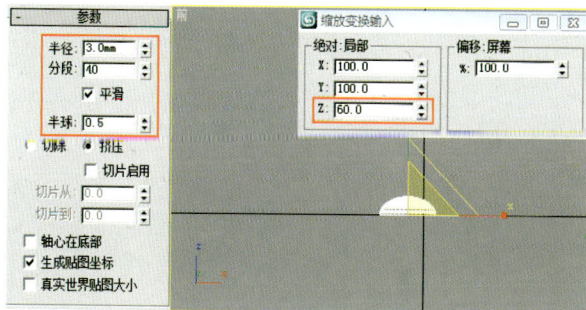

图3-133

10.在参数面板中按下挤出按钮,在弹出的对话框中输入数值"-0.5"(图3-134)。

11.在修改器列表中加入"网格平滑"命令(图3-135)。

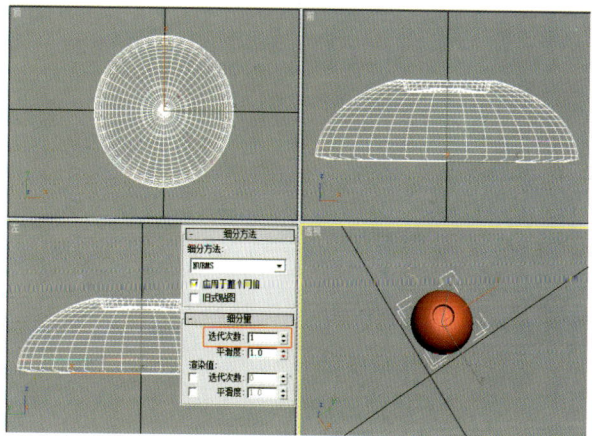

图3-134

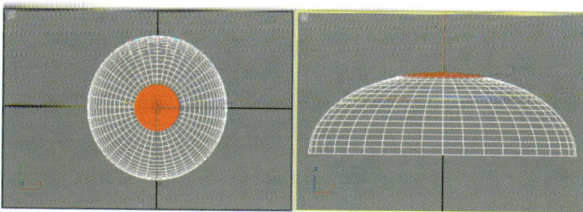

图3-135

12.选择"创建<几何体<球体",在顶视图绘制一个半径为0.6mm,分段为40,半球为0.5的半球,放置位置(图3-136)。

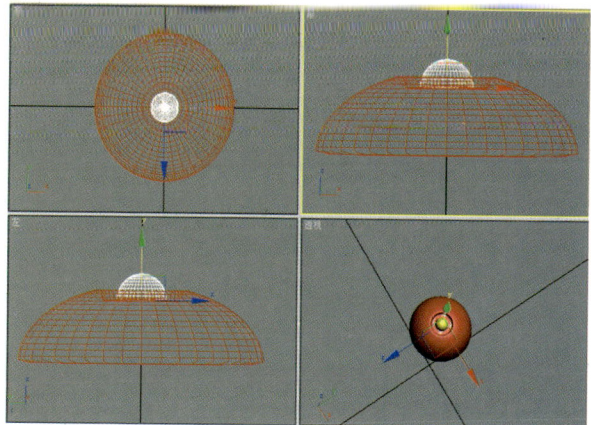

图3-136

13.选择"创建<几何体<立方体",在顶视图绘制一个长度×宽度×高度为1.5mm×1.5mm×0.5mm,长度分段×宽度分段×高度分段为2×3×2的立方体(图3-137)。

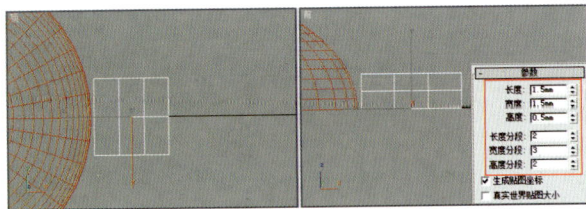

图3-137

14.单击鼠标右键,选择"转换为<转换为可编辑多边形",激活顶视图在修改面板中进入命令堆栈中的点层级调整各点的位置(图3-138)。

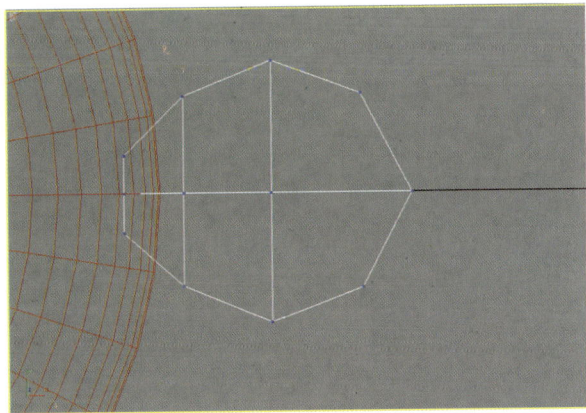

图3-138

15.激活前视图,选择中间所有的点,在工具栏中选择缩放工具，并在其上单击鼠标右键,弹出缩放变换输入对话框,在"X"轴方向放大到110%(图3-139)。

16.继续调整花瓣的形状,在修改器列表中加入"网格平滑"命令,调整花瓣的位置(图3-140)。

17.选择"层次<轴"按下调整轴卷展栏中的仅影响轴按钮,将坐标轴移动到花的中心(图3-141)。

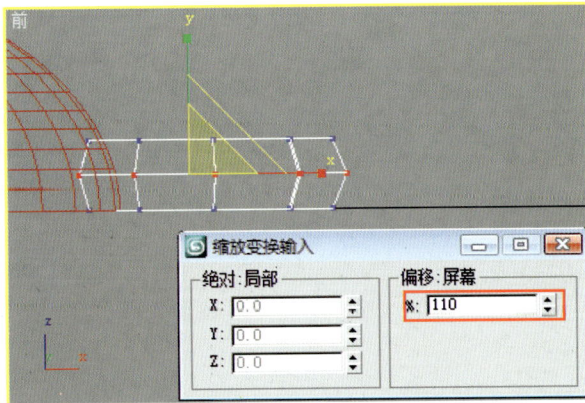

图3-139

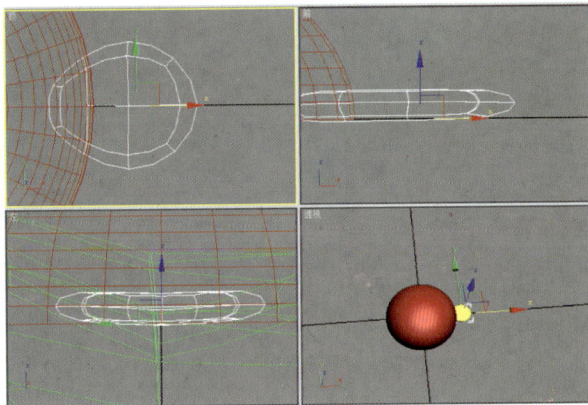

图3-140

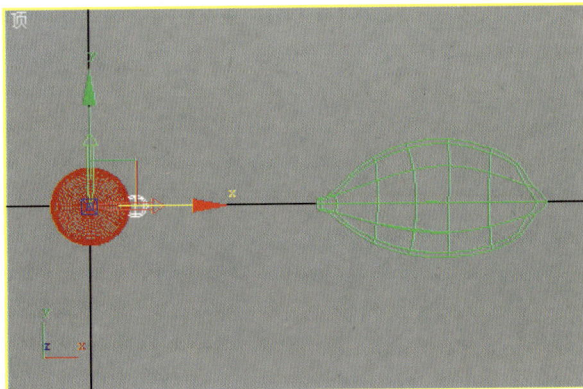

图3-141

18.在菜单栏中选择"工具<阵列",围绕Z轴旋转360度,阵列数量为13,参数设置(图3-142)。

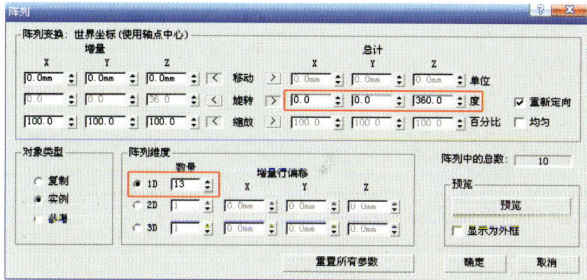

图3-142

19.最终效果（图3-143）。

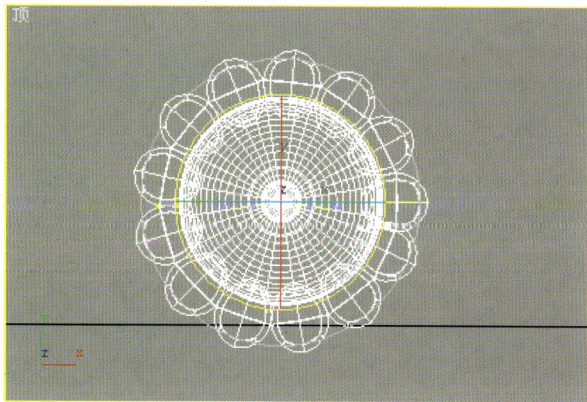

图3-143

20.选择"创建<几何体<圆柱体"，在顶视图绘制一小圆柱，参数设置（图3-144）。

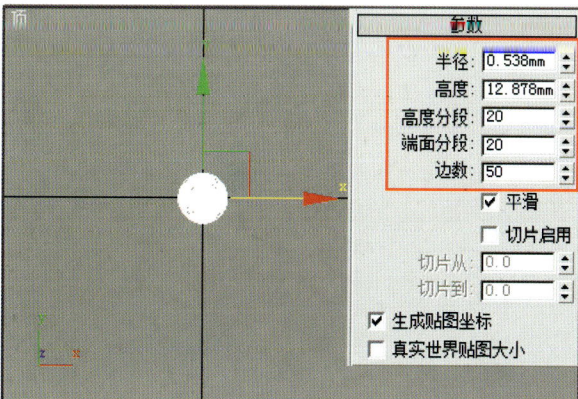

图3-144

21.从修改器列表中加入弯曲命令，参数设置（图3-145）。

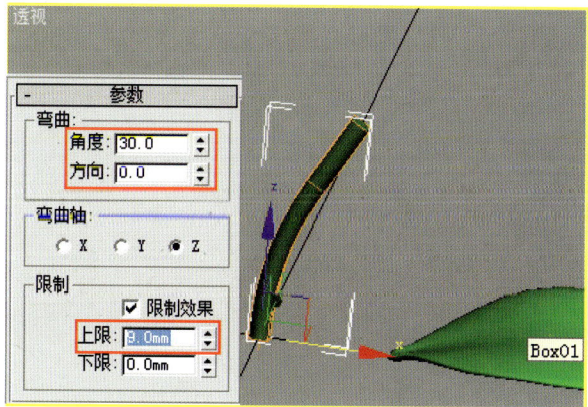

图3-145

22.调整花瓣、花茎、叶片的位置（图3-146）。

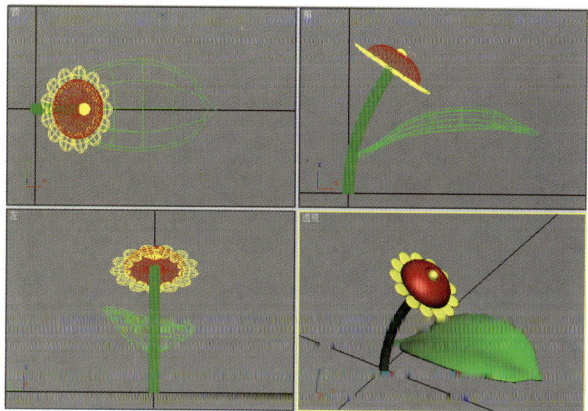

图3-146

23.将花保存，新建一个文件。选择"创建<几何体<圆环"，在顶视图中绘制圆环几何体，参数设置（图3-147）。

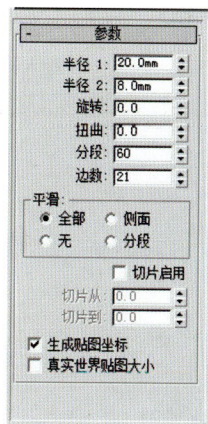

图3-147

24.单击鼠标右键，选择"转换为<转换为可编辑多边形"。进入修改面板命令堆栈中的多边形层级，选择圆环内侧的面（图3-148）。

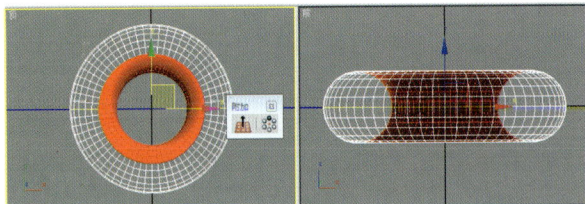

图3-148

25.按键盘上的【Delete】键，删除选择区域。在修改器面板中选择"FFD（圆柱体）"命令，在FFD命令"控制点"层级调整控制点位置，以拟合轮胎外形。具体参数（图3-149）。

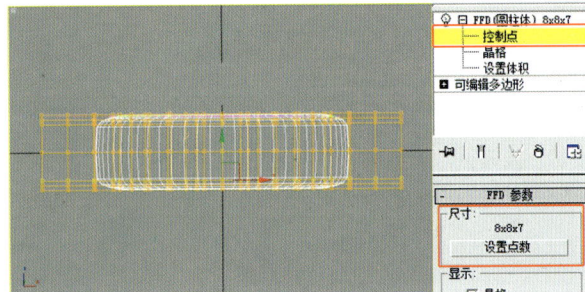

图3-149

26.单击鼠标右键，选择"转换为<转换为可编辑多边形"，进入命令堆栈中的点层级，选择轮胎中间的点，在X轴方向旋转10度（图3-150）。

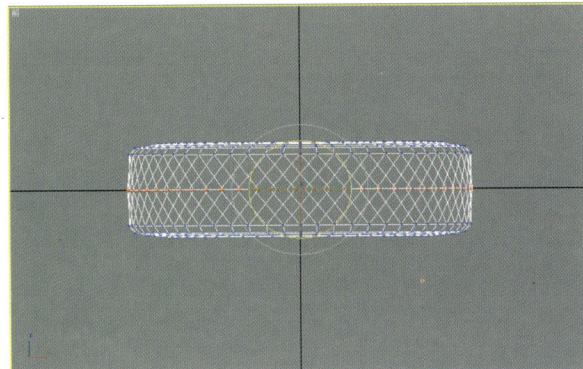

图3-150

27.进入多边形层级，选择如图区域，按下参数板中"挤出"命令右侧的设置按钮 ，在弹出的对话框中，输入挤出量为2mm（图3-151）。

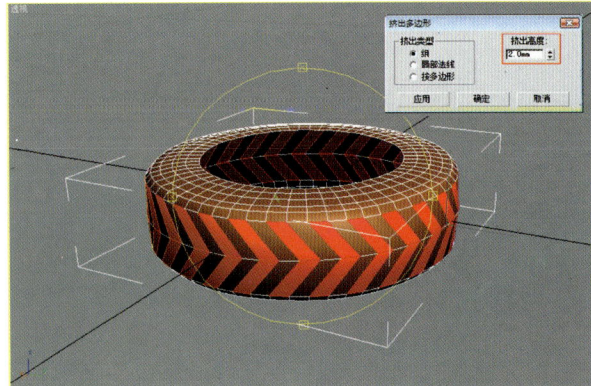

图3-151

28.在参数面板中"扩大"按钮上单击鼠标左键，扩大被选择的区域（图3-152）。

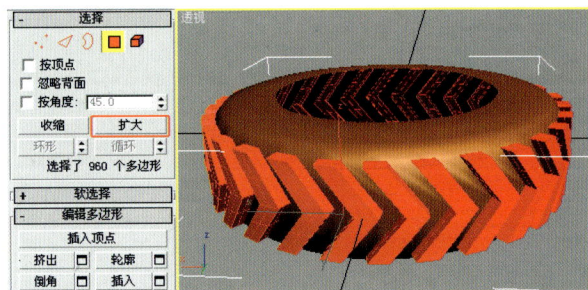

图3-152

29.从修改器列表中加入"网格平滑"命令，继续加入"壳"命令，具体参数设置（图3-153）。

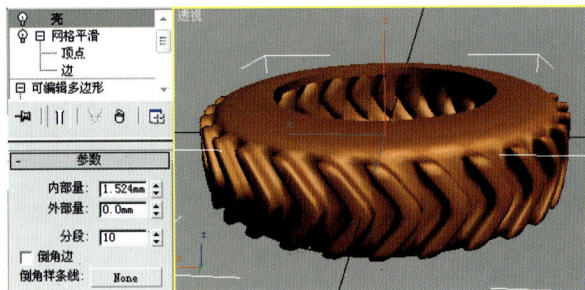

图3-153

八、制作路牌

1. 选择"创建<几何体<圆柱体"在顶视图绘制一个半径为20.0mm，高度为500.0mm的圆柱体，具体设置（图3-154）。

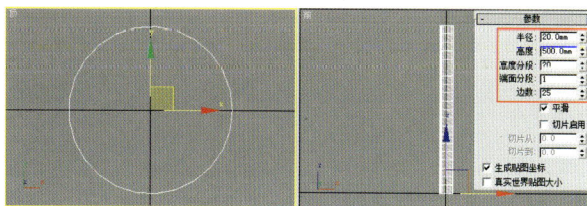

图3-154

2. 进入修改面板，从修改器列表中加入"弯曲"命令，输入弯曲角度为90.0（图3-155）。

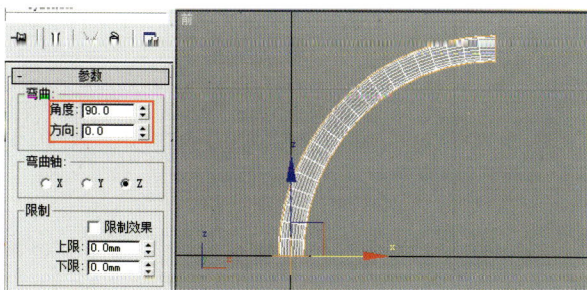

图3-155

3. 单击鼠标右键，选择"转换为<可编辑多边形"，进入修改面板在命令堆栈中选择多边形层级，选择（图3-156）。

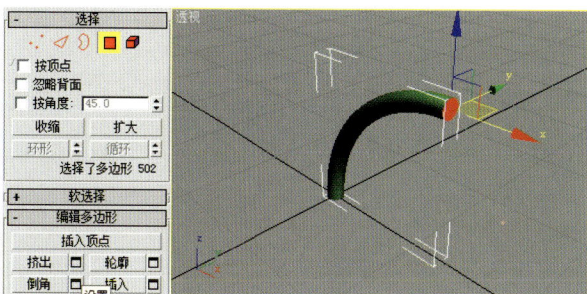

图3-156

4. 在多边形卷展栏中按下挤出命令右侧的设置按钮，在弹出的挤出对话框中设置高度为500.0mm（图3-157）。

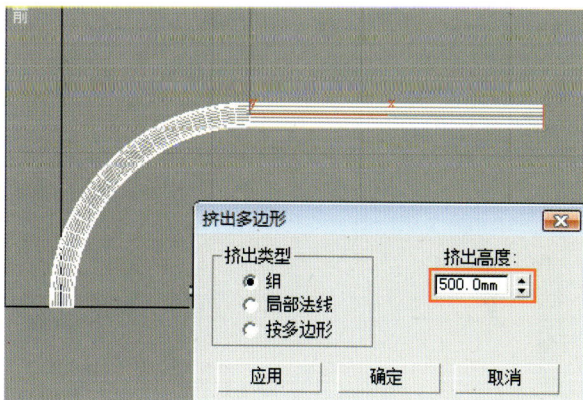

图3-157

5. 重复上一步骤，选取弯管的另外一个端面，设置挤出高度为1000.0mm（图3-158）。

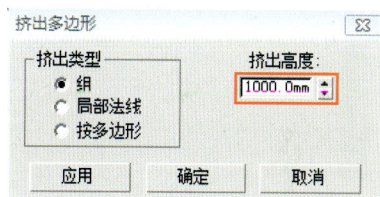

图3-158

6. 选择"创建<图形<矩形"命令，在前视图绘制一个长度为1000.0mm，宽度为700.0mm，角半径为200mm.0的矩形，具体设置（图3-159）。

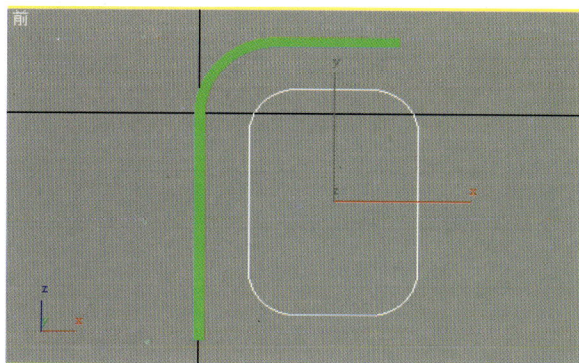

图3-159

7.单击鼠标右键，选择"转换为<可编辑样条线"，进入修改面板，选择命令堆栈中的顶点层级，调整矩形的形状（图3-160）。

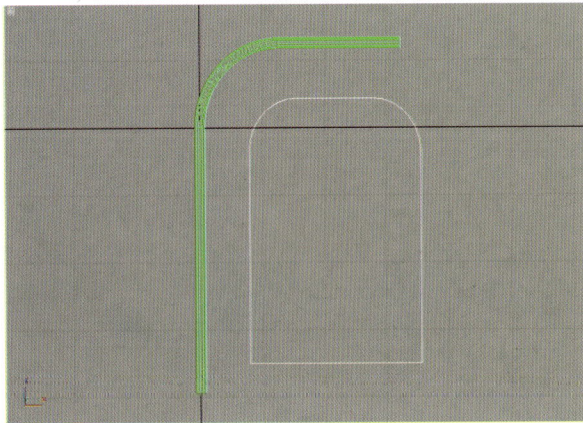

图3-160

8.从修改器列表中加入"挤出"命令，设置挤出数量为20.0mm（图3-161）。

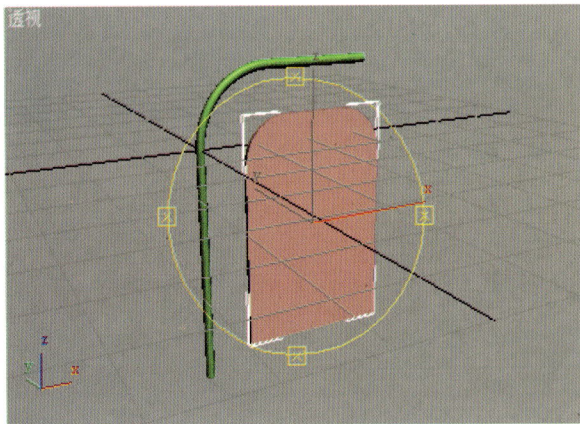

图3-161

9.单击鼠标右键，选择"转换为<可编辑多边形"，在命令堆栈中选择边层级，选取招牌的外边缘（图3-162）。

10.在编辑边卷展栏中按下"利用所选内容创建图形"按钮，在弹出的对话框中选择"线性"。具体参数（图3-163）。

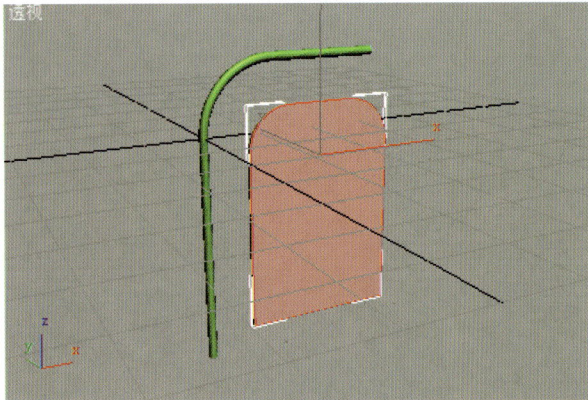

图3-162

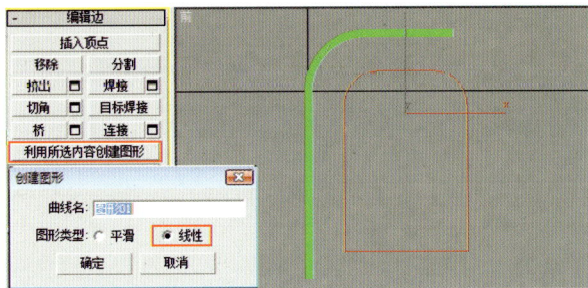

图3-163

11.选取新产生的可编辑样条线，进入修改面板，勾选渲染卷展栏中的"在渲染中启用"、"在视口中启用"、"生成贴图坐标"、"真实世界贴图大小"等复选框，在径向中输入厚度30.0mm，边数为20（图3-164）。

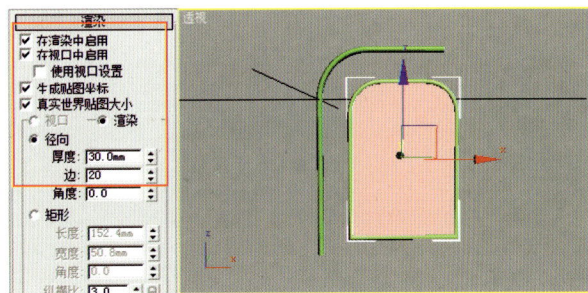

图3-164

12.选择"创建<图形<矩形"命令，在前视图绘制一个长度为40.0mm，宽度为20.0mm，角半径为

10.0mm的矩形，将矩形命名为"路径"，具体设置（图3-165）。

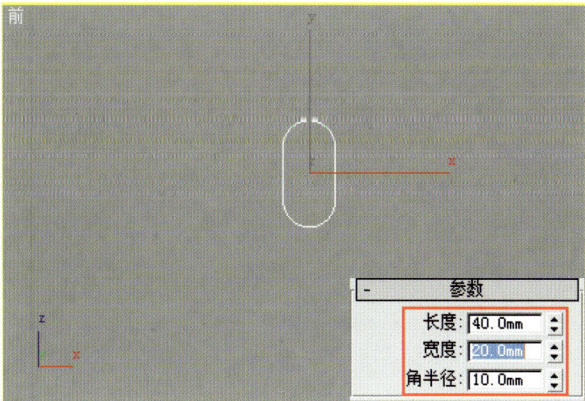

图3-165

13.选择"创建<图形<矩形"命令，在前视图绘制一个长度为5.0mm，宽度为10.0mm，角半径为1.5mm的矩形，将矩形命名为"图形"，具体设置（图3-166）。

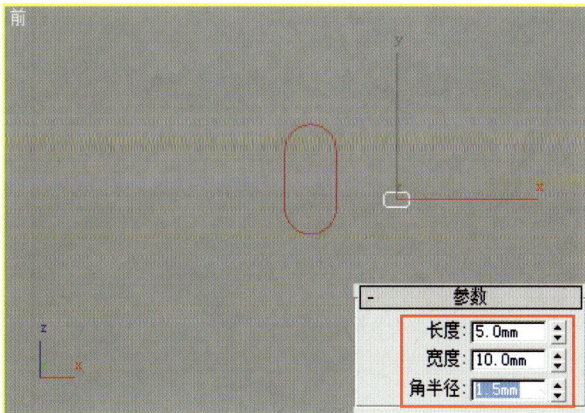

图3-166

14.选取命名为"路径"的矩形，选择"创建<复合<放样"命令，选取"获取图形"按钮，拾取命名为"图形"的矩形（图3-167）。

15.在菜单栏中选择"编辑<克隆"命令，复制铁链。在弹出的对话框选取"复制"。具体（图3-168）。

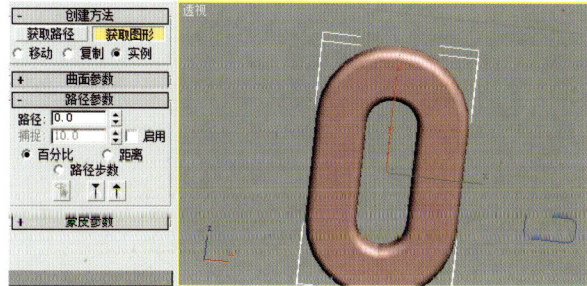

图3-167

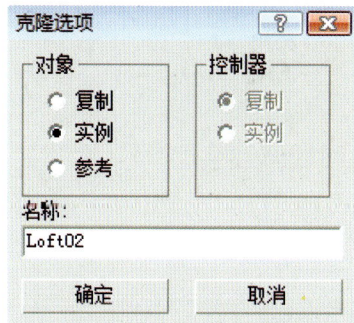

图3-168

16.选择工具栏中的旋转工具，在其上单击鼠标右键，将复制的铁环旋转90度。具体（图3-169）。

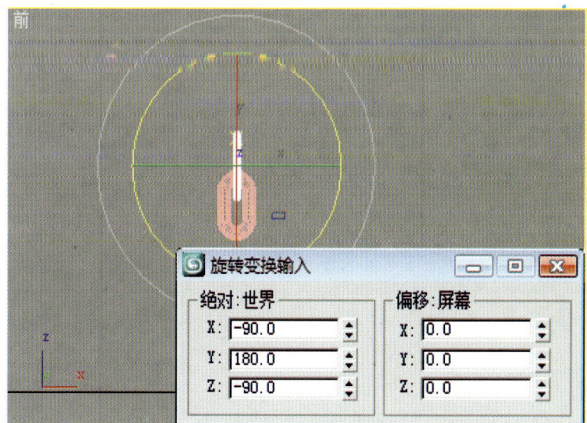

图3-169

17.选择菜单栏中的"工具<阵列"，弹出阵列对话框，在"Y"轴输入移动65.0mm，1D数量为3。具体设置（图3-170）。

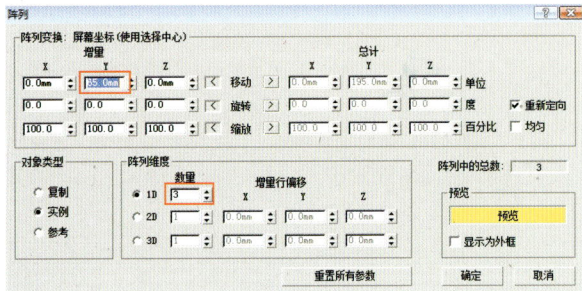

图3-170

18.选取所有铁环，选择菜单栏中"编辑＜克隆"命令，复制出另外一条铁链。将路牌场景保存。（图3-171）。

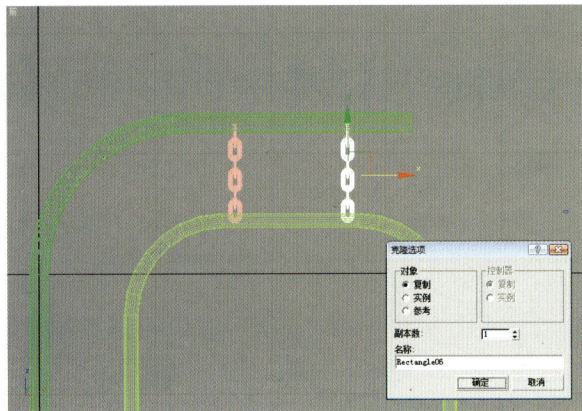

图3-171

九、合并场景建立霓虹灯

1.打开文件"场景"，选择菜单栏中"文件＜合并"，在弹出的文件浏览窗口中，打开保存的"轮胎"文件。通过旋转，移动和复制调整轮胎的位（图3-172）。

2.将花和路牌的场景以及给出的其他房屋模型也合并到场景当中，调整位置（图3-173）。

3.选择"创建＜几何体＜平面"在顶视图绘制一个长60000.0ｍｍ，宽40000.0ｍｍ的平面，参数设置和位置（图3-174）。

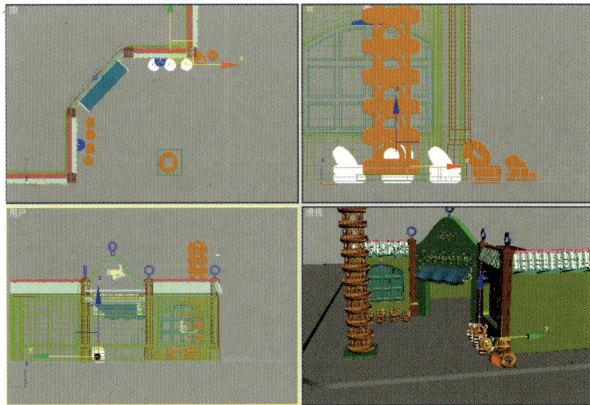

图3-172

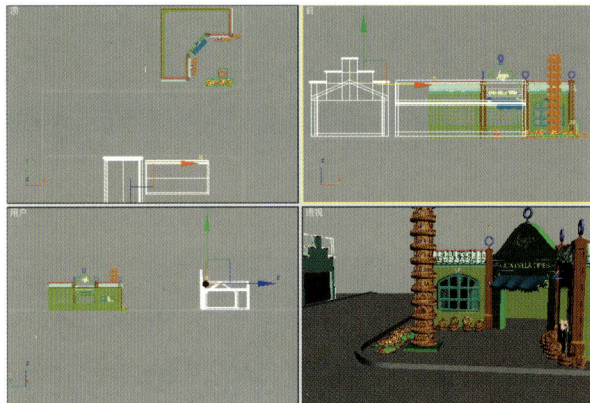

图3-173

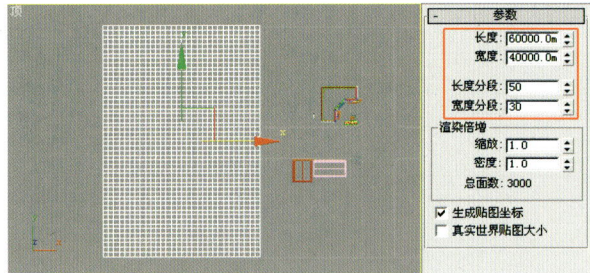

图3-174

4.单击鼠标右键"选择转换为＜转换为可编辑多边形"，进入修改面板。在命令堆栈中选择多边形层级。在绘制变形卷展栏中按下"推/拉"按钮。调整合适的笔刷大小，在平面上进行拖动，绘制出山的起伏（图3-175）。

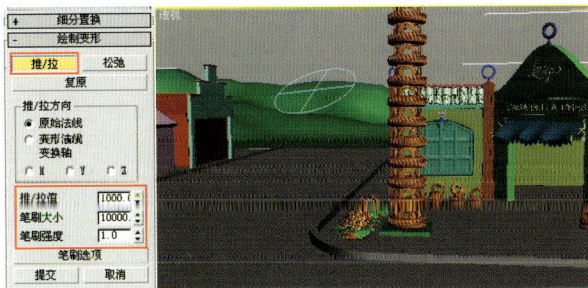

图3-175

5.选择"创建<几何体<AEC扩展<植物",绘制两棵"美洲榆"。放置位置（图3-176）。

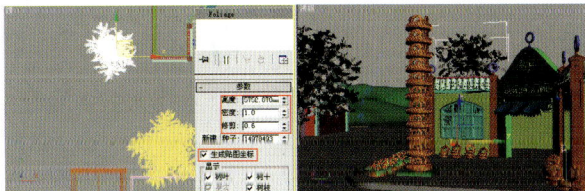

图3-176

6.单击鼠标右键，选择"全部解冻"，将冻结的路面模型进行解冻。

第三节 ///// 气氛渲染

按下键盘的【F10】键，打开渲染场景窗口，在指定渲染器卷展栏中，将产品级渲染器指定为"V-ray渲染器"（图3-177）。

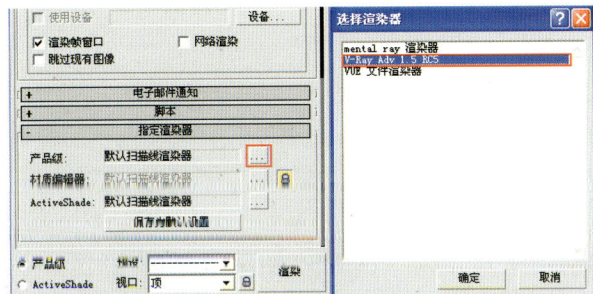

图3-177

一、为模型指定材质

1.选取"水泥路面"模型，按下工具栏中的按钮，弹出材质编辑器窗口，选择一个新材质球，命名为"水泥路面"，按下按钮，将材质指定给模型（图3-178）。

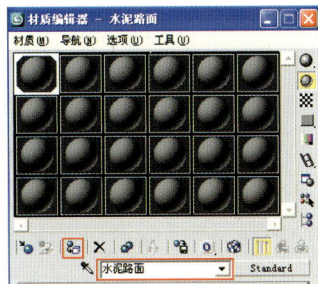

图3-178

2.在右侧的"standard"按钮上单击鼠标左键，选择"Vraymtl"贴图方式，下面会自动变为vary标准贴图参数面板。在漫射右侧的颜色块上单击鼠标左键，弹出颜色选择器窗口，设置颜色（图3-179）。

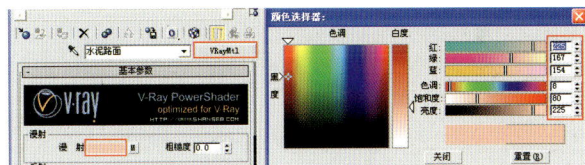

图3-179

3.打开贴图卷展栏，按下漫射右侧的"None"按钮，选择"位图"方式，在弹出的文件浏览窗口中选择给出的"路面1.jpg"文件，这时会自动跳转到"bitmap"编辑面板。按下参数面板上部的按钮，返回到上一层级，将贴图卷展栏中漫射右侧的数值框改为60（图3-180）。

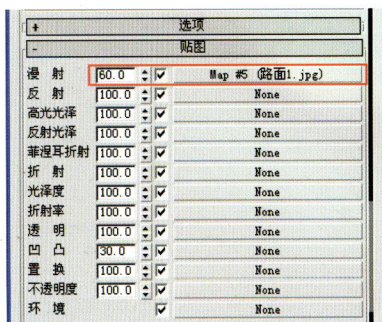

图3-180

4.选取"柏油路面"模型，选择一个新材质球，命名为"柏油路面"，按下按钮，将材质指定给模型。将贴图方式改为"Vraymtl"方式，在漫射右侧的颜色块上单击鼠标左键，弹出颜色选择器窗口，设置颜色（图3-181）。

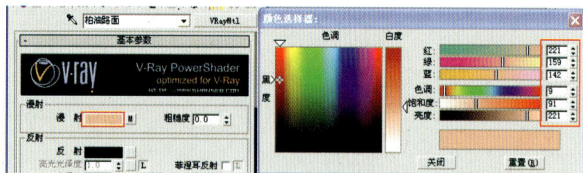

图3-181

5.打开贴图卷展栏，按下漫射右侧的"None"按钮，选择"位图"方式，在弹出的文件浏览窗口中选择给出的"路面2.jpg"文件，这时会自动跳转到"bitmap"编辑面板。按下参数面板上部的按钮，返回到上一层级，将贴图卷展栏中漫射右侧的数值框改为60。

6.选取"地面"模型，选择一个新材质球，命名为"地面"，按下按钮，将材质指定给模型。将贴图方式改为"Vraymtl"方式，在漫射右侧的颜色块上单击鼠标左键，弹出颜色选择器窗口，设置颜色（图3-182）。

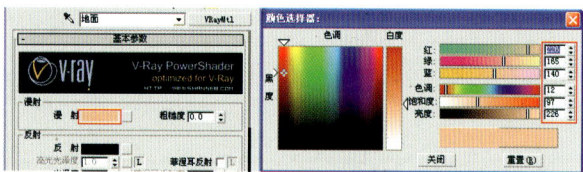

图3-182

7.打开贴图卷展栏，按下漫射右侧的"None"按钮，选择"位图"方式，在弹出的文件浏览窗口中选择给出的"地面.jpg"文件，这时会自动跳转到"bitmap"编辑面板。按下参数面板上部的按钮，返回到上一层级，将贴图卷展栏中漫射右侧的数值框改为60。

8.选取所有的"轮胎"模型，选择一个新材质

球，命名为"轮胎"，按下按钮，将材质指定给模型。将贴图方式改为"Vraymtl"方式，在漫射右侧的颜色块上单击鼠标左键，弹出颜色选择器窗口，设置颜色（图3-183）。

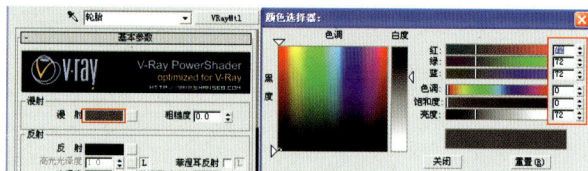

图3-183

9.在反射右侧的颜色块上单击鼠标左键，弹出颜色选择器窗口，设置颜色（图3-184）。设置反射的光泽度为0.7。

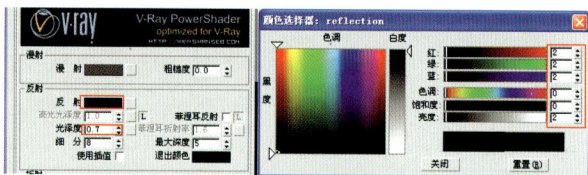

图3-184

10.选取"窗框"模型，选择一个新材质球，命名为"窗框"，按下按钮，将材质指定给模型。采用默认的"Standard"标准贴图方式，在漫反射右侧的颜色块上单击鼠标左键，弹出颜色选择器窗口，设置颜色（图3-185）。设置高光级别为45。

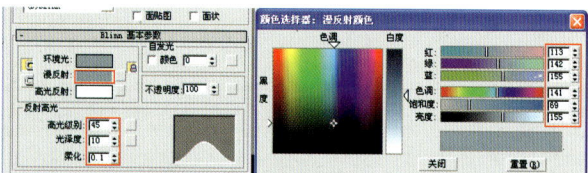

图3-185

11.选取"玻璃"模型，选择一个新材质球，命名为"玻璃"，按下按钮，将材质指定给模型。将贴图方式改为"Vraymtl"方式，在漫射右侧的颜色块上单击鼠标左键，弹出颜色选择器窗口，设置颜色（图3-186）。

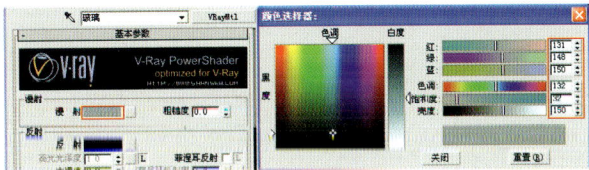

图3-100

12. 在反射右侧的颜色块上单击鼠标左键，弹出颜色选择器窗口，设置颜色（图3-187）。设置反射的光泽度为0.9。

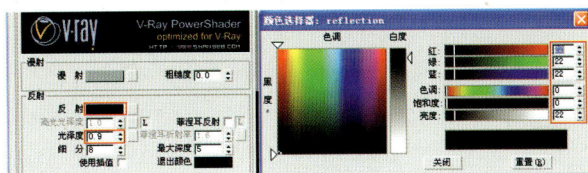

图3-187

13. 选取"建筑的墙面"模型，选择一个新材质球，命名为"墙壁"，按下 ![按钮] 按钮，将材质指定给模型。将贴图方式改为"Vraymtl"方式，在漫射右侧的颜色块上单击鼠标左键，弹出颜色选择器窗口，设置颜色（图3-188）。

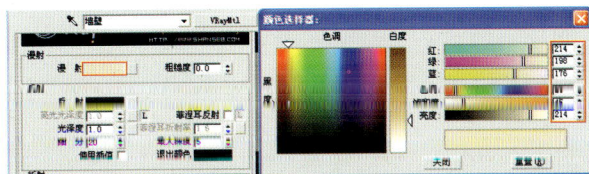

图3-188

14. 选取所有的"瓦"模型，选择一个新材质球，命名为"瓦"，按下 ![按钮] 按钮，将材质指定给模型。将贴图方式改为"Vraymtl"方式，在漫射右侧的颜色块上单击鼠标左键，弹出颜色选择器窗口，设置颜色（图3-189）。

图3-189

15. 选取"路灯"模型，选择一个新材质球，命名为"灯"，按下 ![按钮] 按钮，将材质指定给模型。将贴图方式改为"Vraymtl"方式，在漫射右侧的颜色块上单击鼠标左键，弹出颜色选择器窗口，设置颜色（图3-190）。

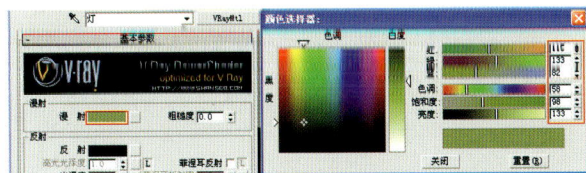

图3-190

16. 在反射右侧的颜色块上单击鼠标左键，弹出颜色选择器窗口，设置颜色（图3-191）。设置反射的光泽度为0.9。

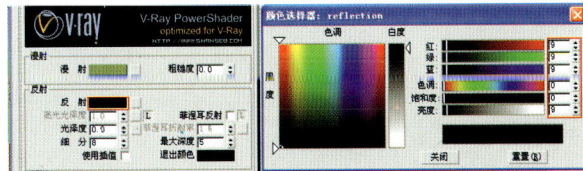

图3-191

17. 选取"遮阳篷"模型，选择一个新材质球，命名为"遮阳篷"，按下 ![按钮] 按钮，将材质指定给模型。将贴图方式改为"Vraymtl"方式，在漫射右侧的颜色块上单击鼠标左键，弹出颜色选择器窗口，设置颜色（图3-192）。

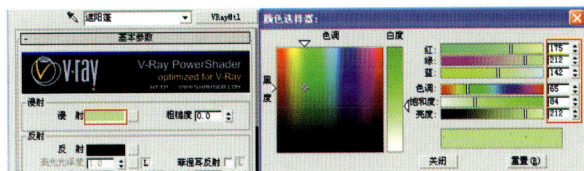

图3-192

18. 选取"遮阳篷架"模型，选择一个新材质球，命名为"遮阳篷架"，按下 ![按钮] 按钮，将材质指定给模型。将贴图方式改为"Vraymtl"方式，在漫射右侧的颜色块上单击鼠标左键，弹出颜色选择器窗口，设置颜色（图3-193）。

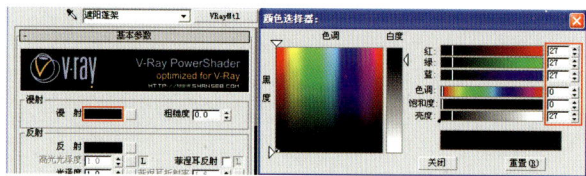

图3-193

19.选取门口墙上的霓虹灯"线条"模型，选择一个新材质球，命名为"线条"，按下🔳按钮，将材质指定给模型。将贴图方式改为"Vraymtl"方式，在漫射右侧的颜色块上单击鼠标左键，弹出颜色选择器窗口，设置颜色（图3-194）。

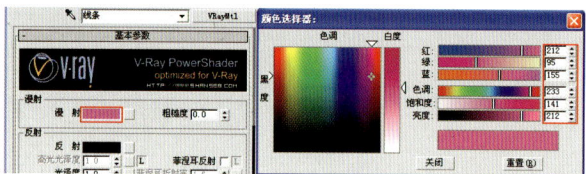

图3-194

20.选取门口墙上的"标志"模型，选择一个新材质球，命名为"标志"，按下🔳按钮，将材质指定给模型。将贴图方式改为"Vraymtl"方式，在漫射右侧的颜色块上单击鼠标左键，弹出颜色选择器窗口，设置颜色（图3-195）。

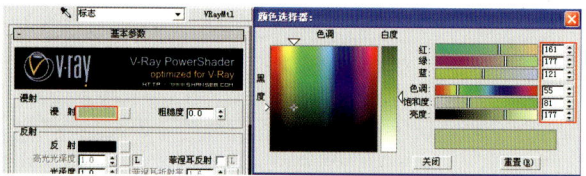

图3-195

21.选取"山"模型，选择一个新材质球，命名为"山"，按下🔳按钮，将材质指定给模型。将贴图方式改为"Vraymtl"方式，在漫射右侧的颜色块上单击鼠标左键，弹出颜色选择器窗口，设置颜色（图3-196）。

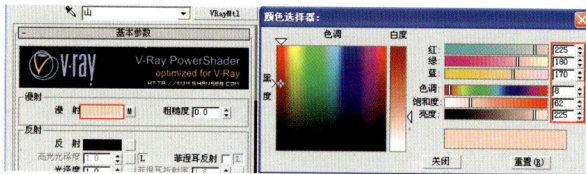

图3-196

22.打开贴图卷展栏，按下漫射右侧的"None"按钮，选择"位图"方式，在弹出的文件浏览窗口中选择给出的"山.jpg"文件，这时会自动跳转到"bitmap"编辑面板。按下参数面板上部的🔳按钮，返回到上一层级，将贴图卷展栏中漫射右侧的数值框改为60。

23.在贴图卷展栏中，按下凹凸右侧的"None"按钮，选择"噪波"方式，这时会自动跳转到"Noise"编辑面板，在噪波参数卷展栏中设置噪波的大小为200（图3-197）。

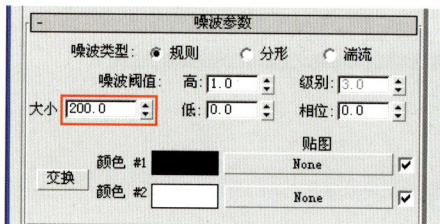

图3-197

24.选取"树"模型，选择一个新材质球，命名为"树"，按下🔳按钮，将材质指定给模型。将贴图方式改为"多维/子对象"方式。参数面板会自动变为"Mult/Sub-Object"编辑面板。按下"设置数量按钮，设置数量为4。树的模型在默认状态下被指定为树干、树枝、细树枝、叶子四个材质ID号，其中4号材质为叶子（图3-198）。

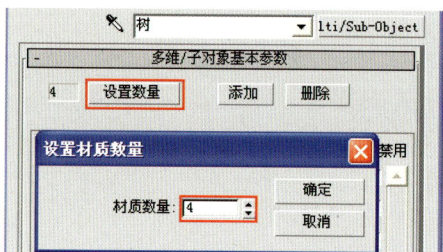

图3-198

25.按下1号材质右侧的贴图按钮，进入1号材质的标准设置窗口，在漫反射右侧的颜色块上单击鼠标左键，弹出颜色选择器窗口，设置颜色（图3-199）。

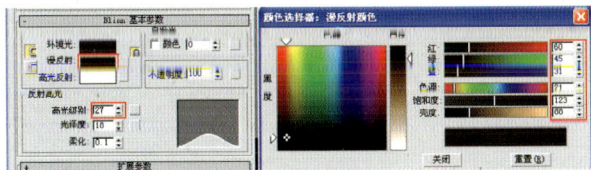
图3-199

26.2号材质和3号材质采用相同的设置。

27.按下4号材质右侧的贴图按钮，进入4号材质的标准设置窗口，设置高光级别为35（图3-200）。

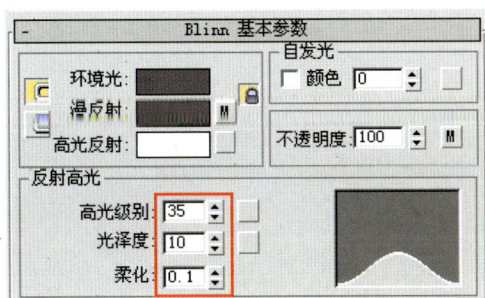
图3-200

28.打开贴图卷展栏，按下漫反射颜色右侧的"None"按钮，选择"位图"方式，在弹出的文件浏览窗口中选择给出的"树叶1.jpg"文件。

29.在贴图卷展栏中，按下不透明度右侧的"None"按钮，选择"位图"方式，在弹出的文件浏览窗口中选择给出的"树叶2.jpg"文件。透明贴图通道是以黑、白、灰为基础的，黑色部分表示透明，白色部分为显示部分，灰色则为半透明（图3-201）。

30.选取"路牌"模型，选择一个新材质球，命名为"路牌"，按下 按钮，将材质指定给模型。打开贴图卷展栏，按下漫反射颜色右侧的"None"按钮，选择"位图"方式，在弹出的文件浏览窗口中选择给出的"路牌.jpg"文件。

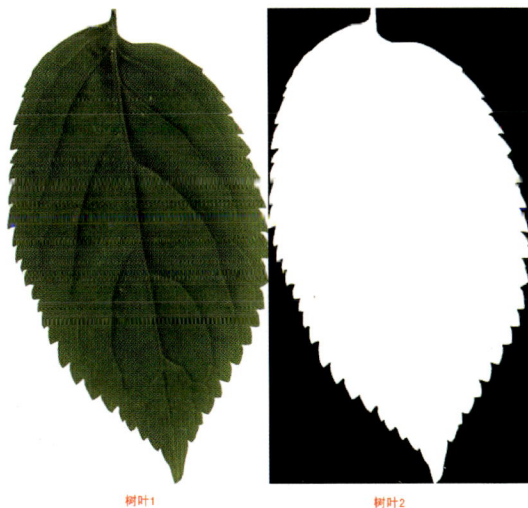
树叶1   树叶2
图3-201

31.选取所有花模型的红色花朵，选择一个新材质球，命名为"红花"，按下 按钮，将材质指定给模型。将贴图方式改为"Vraymtl"方式，在漫射右侧的颜色块上单击鼠标左键，弹出颜色选择器窗口，设置颜色（图3-202）。

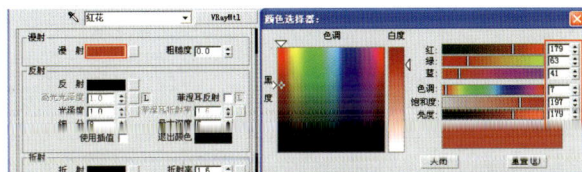
图3-202

32.选取所有花模型的黄色花瓣，选择一个新材质球，命名为"黄花"，按下 按钮，将材质指定给模型。将贴图方式改为"Vraymtl"方式，在漫射右侧的颜色块上单击鼠标左键，弹出颜色选择器窗口，设置颜色（图3-203）。

图3-203

33.选取所有花模型的叶子和茎，选择一个新材质球，命名为"叶子"，按下 按钮，将材质指定给模型。将贴图方式改为"Vraymtl"方式，在漫射右侧的颜色块上单击鼠标左键，弹出颜色选择器窗口，设置颜色（图3-204）。

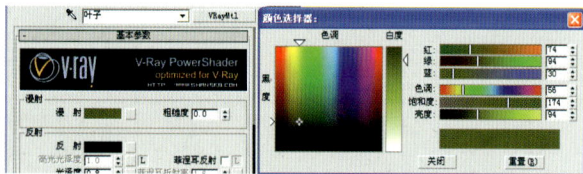

图3-204

34.在反射右侧的颜色块上单击鼠标左键，弹出颜色选择器窗口，设置颜色（图3-205）。设置反射的光泽度为0.8。

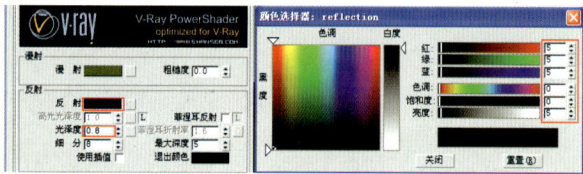

图3-205

35.从菜单栏中选择"渲染<环境"，弹出环境和效果窗口，按下环境贴图下面的"None"按钮，选择"位图"方式，在弹出的文件浏览窗口中选择给出的"背静.jpg"文件（图3-206）。

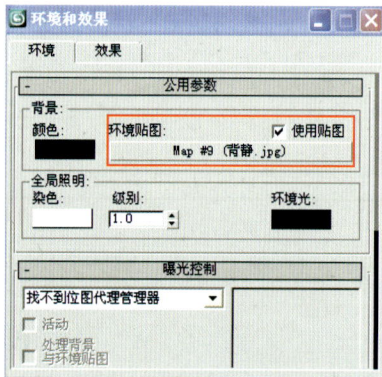

图3-206

36.将贴图按钮拖动到一个新的材质球上，采用"实例"复制方式，以便于将来对背景图片的编辑。（图3-207）。

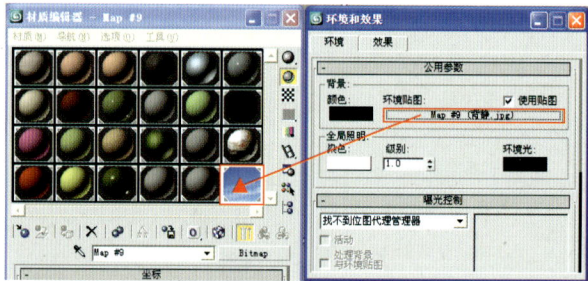

图3-207

二、为场景设置灯光

1.选择"创建<灯光<Vray<VR阳光"在顶视图拖动，绘制一个VR阳光。调整VR阳光的位置（图3-208）。

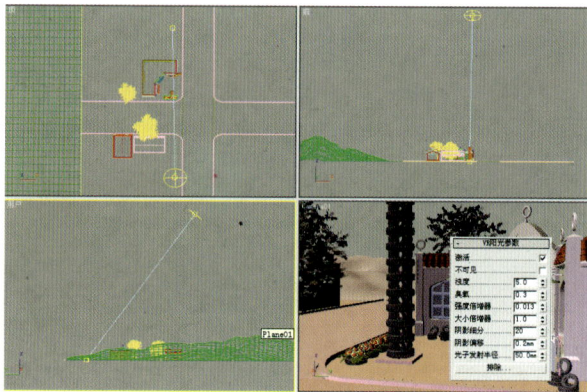

图3-208

2.进入修改面板，调整VR阳光的参数（图3-209）。

3.选择"创建<灯光<Vray<VR灯光"在顶视图拖动，绘制一个VR灯光。调整VR灯光的位置（图3-210）。

图3-209

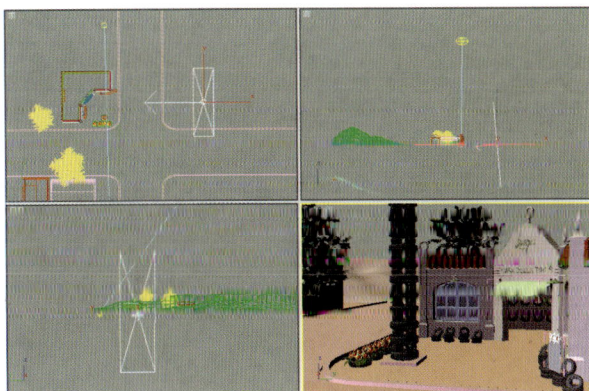

图3-210

4. 进入修改面板，调整ＶＲ阳光的参数（图3-211）。

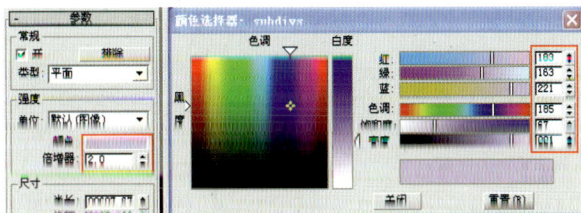

图3-211

第四节 ///// 设置动画

1. 选择"创建<摄影机<目标"，在顶视图绘制一个日标摄影机。调整摄影机的位置（图3 212）。激活透视图，按下键盘的【C】键，切换到摄像机视图。

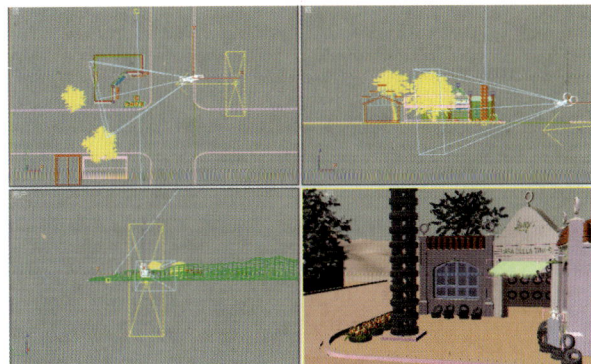

图3-212

2. 选择"创建<图形<线"，在顶视图绘制一条曲线作为摄影机移动的路径（图3-213）。

3. 选择"创建<辅助对象<虚拟对象"，在顶视图绘制一个虚拟体。按下工具栏中的对齐按钮，拾取摄像机，弹出对齐当前选择窗口，参数设置（图3-214）。

4. 选择工具栏中的绑定按钮，从摄像机拖动到虚拟体，虚拟体反白闪烁一次，绑定成功（图3-215）。

图3-213

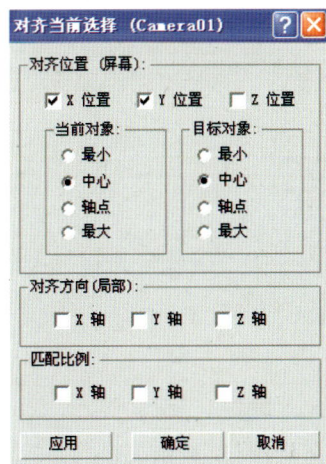

图3-214

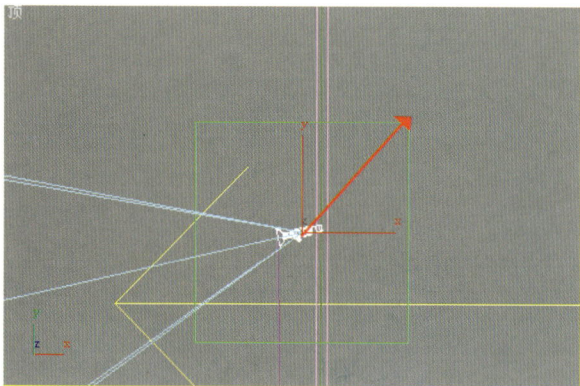

图3-215

置控制器窗口中选择"路径约束"（图3-216）。

6.在路径参数卷展栏中按下"添加路径"按钮，拾取视图中绘制的路径曲线（图3-217）。

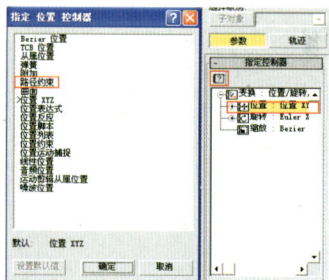

图3-216

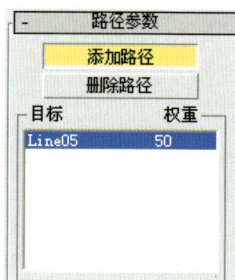

图3-217

5.选取摄像机，进入运动面板，打开指定控制器卷展栏，选择位置选项，按下 按钮，在弹出的指定位

第五节 ///// 渲染输出

1.按下键盘的【F10】键，打开渲染场景窗口，参数设置（图3-218、图3-219）。

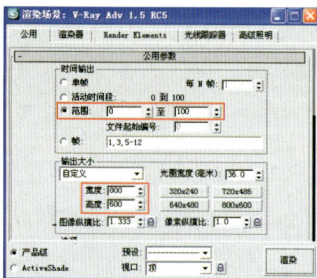

图3-218

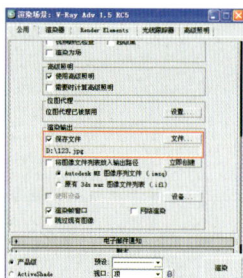

图3-219

2.进入渲染器设置面板，参数设置（图3-220）。

3.按下"渲染"按钮进行渲染。最终效果（图3-221）。

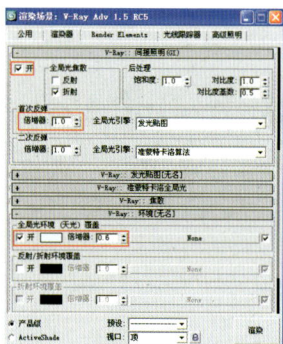

图3-220

图3-221

[复习参考题]

◎　尝试利用所学的命令给场景中添加一些其他的物体，丰富画面效果。

◎　设置场景灯光时，不同的参数具有不同的效果。试着改变参数和光源位置，创造其他的效果。